—·叔本华哲学著作·—

人生的智慧

〔德〕叔本华◎著 景天◎译

Arthur Schopenhauer

中国华侨出版社

·北京·

图书在版编目（CIP）数据

人生的智慧／（德）叔本华著；景天译. —北京：
中国华侨出版社，2017.5（2023.8 重印）

ISBN 978-7-5113-6803-4

Ⅰ.①人… Ⅱ.①叔… ②景… Ⅲ.①人生哲学—
通俗读物 Ⅳ.①B821-49

中国版本图书馆 CIP 数据核字（2017）第 090056 号

人生的智慧

著　　者：〔德〕叔本华

译　　者：景　天

策划编辑：周耿茜

责任编辑：姜　婷

责任校对：王京燕

封面设计：胡椒设计

经　　销：新华书店

开　　本：880 毫米×1230 毫米　1/32 开　印张：9　字数：169 千字

印　　刷：三河市华润印刷有限公司

版　　次：2017 年 5 月第 1 版

印　　次：2023 年 8 月第 13 次印刷

书　　号：ISBN 978-7-5113-6803-4

定　　价：35.00 元

中国华侨出版社　北京市朝阳区西坝河东里 77 号楼底商 5 号　邮编：100028

发行部：（010）64443051　　传　真：（010）64439708

网　址：www.oveaschin.com　E-mail：oveaschin@sina.com

如果发现印装质量问题，影响阅读，请与印刷厂联系调换。

目 录

人 生 的 智 慧

引言 ／ 001

第一章　基本划分 ／ 004

第二章　人是什么 ／ 016

第三章　人的财产 ／ 049

第四章　人在他人心中的位置 ／ 060

第五章　建议和格言 ／ 135

第六章　人生的各个阶段 ／ 252

幸福并非易事：她既不能从自身求得，

亦不可能从他处求得。

——尚福尔①

引　言

　　本书中所说的"人生的智慧"的含义，完全是形而下的：这里的"人生的智慧"指的是这样一门艺术，那就是如何尽可能幸福、愉快地度过一生。哲学上关于这方面的教诲被称为"幸福论"。所以，本书就是在指导人们如何获得幸福的生存。如果从绝对客观的角度，或者更确切一点说，通过冷静而缜密

----

　　①　尚福尔（1740—1794）：法国作家，以善于辞令及风趣著称。

的思考来对"幸福的生存"下一个定义的话，那么这幸福的生存一定比非生存更好。根据这一定义可以得出这样的推论：我们之所以依恋这种生存，只是因为这生存本身，而非因为恐惧死亡；而且我们迫切地希望这生存能够永远地延续下去。但是，人生是否或者是否能够与此种定义下的生存相符，则是一个问题。我的哲学对这一问题已经非常清楚地给出了否定的答案：但哲学中的幸福论对这一问题的答案却是肯定的。幸福论给出肯定答案的基础是人与生俱来的一个错误，我的主要著作①的第二卷第四十九章已经对这一错误进行了批判。但是，为了完成关于幸福论的著作，就不得不放弃形而上的、更高的、道德的审视角度，而这种审视角度正是我真正的哲学希望引领人们进入的。由于我在本书中的论述所使用的是平常的、实用的角度，并且包含着这种角度所具有的谬误，那么这种论述就肯定是进行了折中的。因此，这些论述所具有的只是有条件的价值。其实，Eudamonologie② 一词本来就是委婉词。此外，这些论述还并不完整，原因之一是我论述的对象是无穷无尽的，另一个原因则是如果要对这个主题进行全面论述的话，

---

① 指《作为意志和表象的世界》。
② 即幸福论。

就只能重复别人已有的论述。

在我的印象中，卡丹奴斯①所著的值得一读的《论逆境》一书与我这本箴言书的目的十分类似，可以作为本书的补充。亚里士多德的《修辞学》第一部第五章中，有简短的关于幸福论的论述，但不过是老生常谈而已。我并没有引述前人的著作，因为我的任务并非汇集他人的论述，而且，这样做会打破我书中观点的连贯性，而这正是此类著作的灵魂所在。一般情况下，每个时代的智者都说过同样的话，而愚人——亦即每个时代中的绝大多数人——也做着正好相反的事。伏尔泰曾说过："我们离开世界的时候，这个世界仍然像我们来到这个世界时一样愚蠢和丑恶，没有任何变化。"

---

① 卡丹奴斯（1501—1576）：意大利数学家、医学家。

第一章

基 本 划 分

━━━━━━━━━━━━━━━━━━━━━━

亚里士多德将人生所能获得的益处分为三种：外在之物，人的灵魂以及人的身体。这里我只使用他的三分法，而将决定人命运的根本差异分为三类，即：

1. 人的自身：也就是最广泛的人的个性所具有的东西。包括人的健康、力量、外貌、气质、道德品格、精神智力以及潜能。

2. 人所拥有的身外之物：也就是人的财产和其他占有物。

3. 人对他人显示出的形象：可以理解为人在他人眼中所呈现的样子，也就是他人对这个人的看法。这种他人的看法包括名誉、地位和名望。

不同人之间在第一项上的差别是由大自然决定的，因此可以认为：这种差别对人的幸福所产生的影响要比第二项和第三项所造成的影响更根本、更彻底——因为后两项的差别是由人自行划分出的。人自身的优势，例如天才的头脑、伟大的思想或心灵，与人的地位或出身（哪怕是王公贵族）、财富等优势相比，就好像真正的国王与戏剧扮演中的假国王相比一样。伊壁鸠鲁的第一个门徒采多罗斯就曾为他的著作的一个篇章起过这样的题目："我们幸福的原因在于我们自身之内，而非自身之外。"的确，一个人的幸福，乃至他的整个生存方式，最根本的就在于他自身的内在素质。这种内在素质决定了一个人能否获得内心的幸福，因为人内心的快乐和痛苦首先产生于人的思想、感情和意愿。而人自身之外的一切事物，都只能间接地影响人的幸福。所以，同一个外在事物或境遇对每个人的影响都不一样，哪怕人们所处的环境相同，他们所生活的世界也是完全不同的。这是因为一个人的感情、意愿以及对事物的看法才是与他直接相关的，而外在事物所能做的只是对上述事物起刺激作用。一个人生活在什么样的世界中，首先是由他对世界的理解决定的，世界由于不同的头脑和精神而呈现出不同的面貌。所以，一个人的世界是浅薄无聊的，还是丰富多彩、充满意义和趣味的，都是由他的头脑所决定的。比如，很多人羡慕别人总能在生活中遇到有趣的事，而实际上他们羡慕的应该是后者所具有的理解事物的能力。对于后一类人来说，他们经历的事情都富有趣味和意蕴，在这一点上他们的思想禀赋有很大的功劳。对于一个思想丰富的人来说颇具兴味的事物，对一个思想庸俗、头脑浅薄的人来说，也许就是平凡世界中很乏味的事。歌德和拜伦所创作的取材于真实事件的诗篇能够很好地反映这种情况。愚笨的读者羡慕的是诗人拥有的丰富多彩的经历，而不是诗人所拥有的超凡的想象力——这是一种可以化腐朽为神奇、化平凡为伟大的想象力。与此相同，对于一个气质忧郁的人来说是悲剧的情节，在乐天派看来可能是一场有趣的冲突，而一个思想麻木的人则会认为这件事无关紧要。这些情况都基于这一事实：现实生活，也就是当下所经历的每一时刻，都是由主体和客体两个部分组成的，虽然这两者之间就像构成水的氢和氧一样密不可分。不同的主体面对完全相同的客体时，会构成完全不同的现实，反之亦然。因此可以推断，最美好的客体与最愚笨、低等的主体相结合，只能构成低劣的现实，这就好比在恶劣天气中欣赏美景一样，又好比用低级、模糊不清的相机来拍摄美景。换成更通俗易懂的语言就是：就像每个人都受限于自己的皮囊一样，每个人也都受限于自己的意识。任何人都只能直接在自己的意识中生活，所以，外在世界对他起到的帮助微乎其微。演员们在舞台上扮演各式各样的角色：奴仆、士兵，或者王公贵族。然而，这些角色之间的差异只是表面的、外在的，表面现象下面的内在本质都是相同的：他们都只不过是充满烦恼和痛苦的戏子罢了。现实生活中的情况与之相同，不同的社会地位和财富给予了每个人不同的角色，但外在角色的区别并不能决定人的内在幸福的差异。实际上，每个人都是充满烦恼和痛苦的可怜虫罢了。每个人的烦恼和忧愁的具体内容各不相同，但它们的形式也就是本质却相差不远；烦恼和痛苦的程度有所区别，却并不与人的社会地位和财富的区别相对应，也就是说与人扮演的角色并不相符。对每个人来说，一切事物都只是直接存在和发生于他的意识中的，所以，显而易见的是，人的意识的构成是最重要的。通常情况下，主体的意识要比意识中表现出的物象和形态更重要。所有趣味盎然的事物，一旦经过愚笨的人呆滞的意识的反映，都会变得呆板无聊。与之相反，《堂·吉诃德》却是塞万提斯在一间简陋的牢房中创作的。构成现实的客体部分是由命运决定的，所以是可变的；而主体部分却来源于我们自身，因此在本质上来说无法改变。所以，人的一生中，虽然外在事物在不断地变化，但人的性格却从未改变，这就好像一首曲子中有很多变奏，但主旋律却始终如一。没有人能够摆脱自身的个性，就像动物不论被人们放在什么样的环境之下，都无法挣脱被大自然所决定的无法改变的局限性。这一点可以解释，为什么我们在努力使自己的宠物感到快乐时，应该将这种努力限制在狭窄的范围之内，因为这种快乐取决于动物的本性和意识的局限性。人也是同样，一个人所能得到的属于自己的快乐，最一开始就被这个人的个性决定了。而一个人能够领悟高级快乐的能力则是由他的精神能力所决定和限制的。如果一个人的精神能力较低，那么所有外在的努力——不论是他人的帮助还是个人的运气——都无法使他领略到平庸的、动物性的快乐范围之外的高级快乐。他能感受到的只是感官的刺激、低级的社交、虚荣的消费和安逸的家庭生活。哪怕是教育——假设教育真的有用的话——总体上说，也无法帮助人们拓宽精神和眼界。因为只有精神思想上的乐趣才是最高级、最丰富、最持久的乐趣，虽然我们年轻的时候不能充分认识这一点；然而，一个人是否能够领略到这种乐趣是由他与生俱来的精神思想能力优先决定的。由此可以清晰地说明，人的幸福在很大程度上是由我们自身，也就是我们的个性所决定的。但是，人们通常都只考虑运气、财产，或者自己在他人心中的形象。实际上，运气有可能变好，甚至如果我们的内在足够丰富，就不会过分依赖于运气。相反，一个头脑愚笨的人一辈子都头脑愚笨，一个愚人就算到死也还是一个愚人，哪怕他在天堂上被美女所环绕。所以，歌德曾说：

> 众生，无论富贵还是贫贱，
> 都要承认：
> 人所能获得的最大的幸运，
> 唯有自身的个性。

对于人的幸福和快乐来说，主体要比客体重要得多，所有事物都能作为这一观点的证明。例如，饥饿是能够使所有食物都变得美味的万能调味品，衰老的人很难再对青春美色一见钟情，此外还有天才和圣人的生活。人的健康之于其他一切外在好处都具有压倒性优势，健康的乞丐甚至要比生病的国王更加幸运。一个健康、良好的身体以及因此得到的宁静、愉悦的心性，活跃、清晰，能够正确而深入地把握事物的理解力，平和、有节制的意欲以及由此带来的清清白白的良心——所有这一切都是地位、财富所无法取代的优势。当一个人独处时陪伴自己的，别人无法予夺的内在素质，亦即一个人的自身，之于一切他所拥有的财富以及他在别人心中的形象都更加重要。如果一个人的精神世界丰富的话，他单独一人的时候就能够徜徉在自己的精神世界中，悠然自得；然而，如果一个人冥顽不灵的话，就算不停地参加聚会，外出看戏、游玩，也无法摆脱烦人的无聊。一个善良、平和、有节制的人即使身处困境也能自得其乐；而一个卑鄙、善妒、贪婪的人就算拥有数不尽的财富也难以获得内心的满足。如果一个人拥有自己独特的、卓越的精神个性所产生的快乐，那么绝大部分普通人所希冀的快乐之于他都毫无意义，甚至可以说是多余的烦恼。

所以，贺拉斯①谈论自己时说道：

> 象牙、大理石、绘画、银盆、雕像、紫衣，
>
> 无数人认为这些东西必不可少，
>
> 但也有人并不为之所动。

苏格拉底看到出售的奢侈物品时曾说："原来有这么多东西是我不需要的啊！"

对于我们的生活幸福来说，最重要、最关键的是我们自身的个性，这是因为个性在所有场合都在起作用，它是恒常不变的；此外，它还与我给出的第二项、第三项好处不同，能否拥

---

① 贺拉斯（前65—前8）：古罗马诗人，批评家。

有后两者是运气决定的，而自身个性却不会被他人夺走。后两项好处只是相对的，而自身的价值则是绝对的。从此可以得出，与人们通常认为的不同，用外在方法去影响或对付一个人其实是很难的。唯有能力无穷的时间才能够产生影响，时间一点一点地消磨了人肉体和精神的优势，唯一不受影响的只有人的道德气质。在这一层面，财产和他人的看法优势更为明显，因为这两者不会直接被时间剥夺。这两项好处还有另一个优势：由于两者都属于客体，这一本质使所有人都能拥有它们，至少提供了拥有它们的可能性；相反，我们对于属于主体的东西则无能为力——它们由"神的权力"赋予的，终其一生都不会改变。因此，歌德曾说：

就像在你诞生到世间那一天，

太阳处于跟行星相对的位置上，

你就要从此而且继续不断地，

按照你据以起步的法则成长。

你必须如此生存，无法摆脱，

女巫们和预言者都曾这样讲；

任何时间、任何权利都不能打破，

这种生生发展的铸型。

我们能做的只有尽可能充分发挥我们已有的个性。所以，我们应按照符合自身个性的方向，力求使个性得到合适的发展，其他的则都应该避免。因此，我们在选择社会地位、工作和生活方式时，必须与我们自身的个性相匹配。

　　例如，一个人天生身强体壮，力大无穷，如果迫于外在情势，不得不整天坐着做一些精细、琐碎的手艺活，抑或进行学习研究或其他脑力工作——这些工作所要求的能力正是他先天较为欠缺的，而他所拥有的优良的身体能力却无处施展——这种情况会使这个人终生都由于不得志而郁郁寡欢。但是，如果一个人具有超凡的智力，却无法应用和发挥自己的智力，做的是根本不需要发挥他的智力的平庸工作的话，那么这个人所感到的痛苦要比第一个人还要深。因此，我们千万不可高估自己的能力，特别是在血气方刚的青年时代，更要避免这一生活中的暗礁。

　　由于与财产和他人的看法相比，人的自身拥有更大的优势，所以比起拼命获取财富来说，注重身体健康和充分发挥自身才能是更为明智的。但是要避免对这一点的错误理解：我们不需要重视生活的必需品。那些所谓的真正的财富，也就是超出必需的盈余，于我们的幸福并没有太大裨益。因此，许多富人并不快乐，因为他们缺乏见识和精神思想的熏陶，所以对事物也没有太大的兴趣——而正是这些才使他们能够拥有从事精神思想的能力。财富所能满足的只是人最基本的自然需求，而对我们真正的幸福却并无太大帮助。反之，为了管理庞大的资产，我们必须付出很多辛苦，而这则影响了我们舒适安逸的生活。相比于财富，人的自身对于人的幸福来说更为重要，虽然如此，但普通人对财富的追求要比对精神情趣的追求更为拼命。所以，可以看到许多人起早贪黑，像蚂蚁一样辛勤劳作，无时无刻不在思考如何增加自己拥有的财富。而一旦超出了赚钱的小圈子，他们就什么都不知道了。他们没有任何精神情趣，所以除了赚钱，对其他一切事物都无法感知。对他们来说，人的最高级的乐趣——精神乐趣，是遥不可及的。因此，他们在繁忙的工作之余只能追求短暂的感官乐趣，这种乐趣费钱却不费时。他们用这种娱乐来代替精神享受，但却是徒劳无功的。如果运气好的话，当他们离开人世的时候，真的可以拥有巨大的财富，作为他们一辈子的成就；于是，他们将这一大财富留给后代，任由他们去经营或者挥霍。虽然这些人一辈子都显得十分严肃，装模作样，但实际上他们的生活仍然是愚蠢的，与其他庸碌的人生没有太大区别。

因此，对于人的幸福来说，人内在所拥有的才是关键所在。正是由于通常情况下人的内在是很贫乏的，所以大多数生活已经不再匮乏的人本质上还是会感到郁闷，这种情况与那些还在困苦、匮乏的生活中挣扎的人没有什么两样。由于他们内心空虚、思想匮乏、感觉迟钝，所以他们就加入了社交圈子。社交圈中也都是和他们一样的人，"羽毛相同的鸟儿会聚集在一起"（荷马）。他们聚集在一起娱乐消遣，这种娱乐始于放纵感官，沉溺于声色享乐，而终结于荒唐无度。许多纨绔子弟刚刚开始生活就挥霍无度，家产在极短的时间内就被花光了。这种做法的根源正在于无聊——而它的来源正是上文中提到的精神贫乏和内心空虚。如果一个富家子弟外在富有而内在贫乏，那么他来到这个世界时就会徒劳地用外在的财富去弥补内在的空虚；他试图从外部获得一切，就好像衰老之人试图用少女的汗水来强身健体一样。外在财富的贫乏是由人自身内在的贫乏导致的。

人生的其他两项好处有多重要，不需要我特别指出了。如今人们公认财产是有很大价值的，不需要进行宣传。与之相比，第三项好处则比较难以把握，因为所谓的名誉、地位和名望都来自于他人的看法。每个人都能够努力获得名誉，也就是清白的名声；但是只有为国家政府服务的人才能够获得社会地位；而只有极少数的人才能够获得显赫的名望。其中，名誉是十分珍贵的；而显赫的名望则人人向往拥有而且价值甚高，是只有精英才能够得到的无比珍贵的金羊毛，而只有愚笨的人才会认为社会地位比财产更重要。此外，人具有的财物、名誉和声望是互相影响、互相促进的。彼德尼斯①曾说："一个人在他人心中的价值是由他所拥有的财产决定的。"如果这句话有道理的话，那么他人对一个人良好的评价也能反过来促进财产的增加。

---

① 彼德尼斯（？—66）：古罗马作家，主要作品有《萨蒂利孔》。

第二章
人 是 什 么

　　对于人的幸福来说，人的自身要比他所拥有的财产或在他人眼中的表象更有意义——我们已经大体了解了这一点。一个人本质上如何，亦即他自身所拥有的东西才是最重要的，因为自身个性是伴随人一生的，他所感受到的所有东西都受到他的个性的影响。他经历任何事情时，感受到的首先是他自身。不论是从物质上获得的乐趣，还是从精神上获得的乐趣都是如此。所以，英语中的短语 to enjoy one's self（尽情享受）表述得就非常生动。比如：人们会说 "He enjoys himself in Paris."（他在巴黎尽情享受。）而不说 "他享受巴黎"。对于一个自认个性低劣的人来说，所有乐趣都会变味，就像用含有胆汁的苦涩的嘴巴品尝名贵的美酒一样。所以，除了天灾人祸之外，人们在生活中所经历的事情，不论好坏，都远远赶不上人们感受这些事情的方式重要；亦即，更重要的是人们感受事物的能力的本质特性和强弱程度。对人的幸福有直接影响的是一个人自身如何，他自身拥有的东西是什么，简单来说就是他的个性和价值。除去这些之外的所有东西都只有间接影响，因此这种影响是可以消除的，而个性的影响则永远无法消除。所以，对他人的自身优势产生的忌妒最难消除，因此人们通常会很小心地隐藏起这种忌妒心理。进一步来说，只有感觉意识的构成是永恒存在的，只有人的个性是永远、持续发挥作用的；相较之下，其他任何东西产生的作用都是暂时的、偶尔的，而且被持续不断的变化所限制。因此，亚里士多德曾说："我们所能仰仗的只有自己的本性，而非金钱。"正因如此，单纯外部的灾祸要比自身招致的不幸更容易承受；这是因为运气有可能变好，但我们的自身构成却无法改变。所以，对人的幸福来说，最关键的是人的主体的优良素质，包括高贵的品格、出色的智力、快乐的性格和健康的身体——总而言之，就是"健康的身体和健康的灵魂"（尤维纳利斯）。因此，对于这些好处我们应该努力地维持和改善，而不应该一心扑在获取外在的财产和荣誉上。

在上面所说的主体的优良素质中，能够直接带来幸福的是轻松、愉悦的感官。这是因为这一优良素质所产生的好处是即时起效的，一个人之所以愉快的原因是：他自己是一个愉快的人。这种愉快的气质可以代替其他一切内在素质，但是其他所有好处都无法代替它。一个人也许是青年才俊、仪表堂堂、财产丰厚、备受尊重，但是要判断他是否幸福的话，就必须问这样一个问题：他是否轻松愉快？如果一个人的心情轻松愉快的话，那么不论他年轻还是年老，身体健康还是疾病缠身，家财万贯还是一贫如洗——对他来说都无关紧要。总之他是幸福的。年轻的时候，我曾经翻看一本旧书，书中有这样一句话映入了我的眼帘："笑口常开的人就是幸福的；常常以泪洗面的人就是痛苦不幸的。"这句话普通得不能再普通了，但却令我一直无法忘怀，因为它说出了一个非常质朴的真理，虽然有一些夸张。所以，如果愉悦的心情来临，我们要敞开怀抱迎接它，因为它来得永远是时候。然而，我们的做法通常却并非如此：当愉悦的心情到来时，我们总是犹犹豫豫地接受——我们想搞明白这种开心和满足到底有没有来由。此外，我们在认真、严肃地思考或操劳时，会担心愉悦的心情会打扰我们。实际上，这么做是否有益并不清楚。相反，愉悦的心情却能够直接带给我们好处。对于幸福来说，只有愉悦的心情是现金，其他的东西都只是需要兑现的支票。愉悦的心情在让人们感到愉悦的当下就直接给予了人们快乐。因此，对于我们的生存来说，它是一种绝妙的恩赐，因为我们生存的真实性就在于当下——无尽的过去和未来都由它连续不断地连接在一起。从这一点可以看出，应该把获得和促进愉悦的心情当作我们首要的追求。毫无疑问，最能够促进愉悦心情的是健康；而对获得愉悦心情帮助最小的则是丰盈的财产。社会地位较低的劳动阶级，尤其是生活在农村的人们，常常满心欢喜、笑口常开，而有钱的人家却经常愁容满面。所以，我们应该努力追求的是保持身体健康——从健康的身体中才能开出心情愉悦的花朵。大家都知道，想要保持身体健康就要避免无节制的纵欲、剧烈的情绪波动，以及长时间的精神紧张和劳累；每天至少保持两个小时的户外快速运动；常用冷水洗澡，饮食有节制。一个人如果不每天运动的话，就无法保持身体健康。所有生命活动程序想要正常运作，无论是整体还是其中的一部分，都必须进行运动。所以，亚里士多德说得没错："生命在于运动，生命的本质在于运动。"身体组织内部永远在持续地运动；心脏通过复杂的双重收缩和舒张，强有力的、持续不断地跳动；心脏每跳动二十八次，就将全身血液通过大小血管传送一遍；肺像一台蒸汽机一样不断地抽压空气；大肠则像一条虫子一样不停地蠕动；体腺不断地吸收和排泄；在每一次的脉搏跳动和呼吸中，大脑也进行了一次双重运动。因此，人如果不进行外在运动——许多人都缺乏运动，过着一种静止的生活——那么，他们身体外在的静止与内在的运动就会产生惊人的不协调，这种不协调是有害的。因为身体内部持续不断地运动需要外在运动的配合，这种身体内外部之间的不协调就好比：我们内部有某种激烈的情绪在翻涌，但又必须努力抑制这种情绪流露在外。哪怕是树木也需要风的吹动才能生长繁茂。"某种运动的速度越快，那么它就越成其为运动"——用最为简洁的拉丁文来表述的话就是"Omnis motus guo celerior, eo magis motus"——这一观点就适合用在这里。我们的幸福是由愉悦的心情决定的，而愉悦的心情又是由身体的健康决定的。想要证明这一点，只要将我们在身体强健时与疾病缠身、痛苦不堪时，对外在事物和环境所产生的不同感受进行对比就可以了。我们感到高兴或者悲伤的原因，并非客观、真实的事物，而是我们对这些事物的感受。正如爱比克泰德①所说："使人们困扰的并非客观事物，而是对客观事物的看法。"我们的幸福在绝大程度上取决于健康的身体。只要拥有健康的身体，从所有的事物中都

---

① 爱比克泰德（约50—约138）：古希腊哲学家，晚期斯多葛派代表人之一。

能产生快乐；而一旦健康不再，所有外在的好处——无论是什么好处——便都失去了意义，哪怕是人的主体所具有的好处，譬如精神思想、心情、气质等优点，仍然会受到疾病的重大影响。这样说来，人们相见时首先要问一问对方的健康情况，并祝愿其身体健康，是很有道理的，因为对于一个人的幸福来说，没有比健康更重要的事了。由此可以得出：最愚蠢的行为莫过于为了追求金钱、学问、晋升、名誉，甚至是肉欲或其他短暂的愉悦而牺牲自己的健康。健康永远都要排在第一位。

　　虽然健康对增进愉悦的心情大有裨益——愉悦的心情对于我们的幸福来说是最重要的——但是，愉悦的心情却并不完全是由健康决定的；因为哪怕是最健康不过的人也会产生忧郁的气质和悲伤的情绪。导致这一点的根本原因是人最初的、无法改变的机体组织的构成；亦即，一个人的感觉能力与肌肉活动、新陈代谢、兴奋能力之间所构成的比例，不同的比例的正常程度不同。如果感觉能力过于突出，那么就会导致情趣失衡，产生周期性的过分的高兴或无法排解的郁闷。超常的神经力量，也就是超常的感觉能力，是产生天才的条件。因此，亚里士多德的看法——所有优秀的、杰出的人物都是忧郁的，这一点非常正确："所有哲学、政治学、诗歌或其他艺术领域出色的人物，看上去都是忧郁的。"西塞罗引用率很高的这句话指的也是上述那段话："亚里士多德说，所有天才都是忧郁的。"关于我现在对人与生俱来的因人而异的基本情绪所进行的探讨，莎士比亚曾经进行过非常优美的论述：

老天造下人来，

真是无奇不有；

有的人老是眯着眼睛笑，

好像鹦鹉见了吹风笛的人一样；

有的人终日皱着眉头，

即使捏斯托发誓说那笑话很可笑，

他听了也不肯露一露他的牙齿，

装出一个笑容来。

——《威尼斯商人》①

柏拉图使用"郁闷"和"愉快"两个词来描述这两种情绪，不同情绪的出现是由于人们感受愉快和不快印象的能力有着很大差别。所以，让一个人感到绝望的事，也许会让另一个人感到好笑。通常来讲，一个人感受愉快印象的能力越弱的

① 引用自朱生豪译《莎士比亚戏剧 上》。

话，那么他感受不快印象的能力就越强，反过来也是一样。同样一件事的结果在不同的人看来可能是好的也可能是不好的。"郁闷"型的人会由于"不好"的结果而伤心烦恼，而好的结果也无法使他高兴起来。"愉快"型的人则不会为不好的结果而伤心烦恼，而好的结果会使他感到十分快乐。"郁闷"型的人即使已经完成了十个目标中的九个，也不会为已经完成的目标感到高兴，反而会为那一个没有完成的目标而闷闷不乐。"愉快"型的人与前者正相反，他们会因为已经完成的目标感到安慰和快乐。然而，就像没有任何好处的完全的坏事并不多见一样，"郁闷"型的人，也就是阴沉和神经质的人，虽然总体而言比那些乐观快乐的人所承受的想象出来的不幸和苦难更多，但也正因为这样，他们所遭遇的实际的不幸和苦难反而更少；因为他们认为所有事物都是黑暗的，总是想到最坏的结果，因此总是时刻防备着。正因如此，他们失算和栽跟头的次数要比那些总是愉快乐观的人更少。但是，如果一个人天生容易感到不满、易怒，又遭受着神经系统或者消化系统方面的疾病，那么有可能出现这样的结果：长久的苦难使他对生活感到厌倦，并且因此产生了自杀的念头。因此，哪怕是最小的烦恼和困难都会引起自杀行为。确实，如果事情已经糟得不能再糟了，那么这一丁点的烦恼和困难都不再有意义了，一个人会单纯地因为长久的郁闷情绪而决定了结自己的生命。常常发生这样的情况：虽然一个病人被他人严格地监视着，但他仍然会时刻抓住每一个监管松懈的机会，迫切地使用对他来说最自然、最求之不得的手段来摆脱痛苦——在这一过程中他并不会犹豫退缩，也没有内心的斗争。如果想要了解关于自杀更为详细的论述，可以读一读埃斯基罗尔①的《精神疾病》。然而，除了这种情况，哪怕是最健康、最乐观的人也会在某种情况下想到自杀。那就是当有着十分巨大的痛苦，或者不幸无法避免地逼近时，这种痛苦和不幸已经战胜了死亡带来的恐惧。差别在于导致自杀所需要的诱因的大小，它与人的不满情绪的强弱成反比。人的不满情绪越强，可能导致自杀所需要的诱因就越小，直至最后减小为零。反之，人的愉快情绪越强，支撑这种情绪的健康状况越好，导致自杀所需的诱因就越大。所以，虽然导致自杀的诱因有大有小，但有两个极端，即天生的忧郁情绪得到了病态的加剧；天生乐观、健康的，是单纯由于客观原因造成的。

健康和美貌之间有一定的关系，虽然美貌这一主体具有的好处对我们的幸福并没有直接的影响——它只能通过给别人留

---

① 埃斯基罗尔（1772—1840）：法国的早期精神病学家。

下印象的方式产生间接的影响——但是，美貌是非常重要的，甚至对男性来说也很重要。美丽的容貌就像一张打开的推荐信，它能在第一时间帮我们给别人留下好印象。所以，荷马的几句诗与我这里的论述非常相配：

> 神祇的神圣馈赠是不能蔑视的，
> 这些馈赠只能由神祇赐给我们。
> 不管是谁，都不能随意获取它们。
>
> ——《伊利亚特》

对生活稍有了解就能明白：痛苦和无聊是人类幸福最大的敌人，我对这一点进行以下补充：当我们感到快乐的时候，也就是远离第一个敌人的时候，离第二个敌人也就近了，反过来也是一样。因此，我们的生活实际上就在这两种状态之间时强时弱地左右摇摆。因为痛苦和无聊之间存在着双重对立的关系。第一重对立是外在的客体方面的，另一重则存在于内在的主体方面。外在的客体方面是对立的，艰苦和贫乏的生活导致了痛苦，而安逸富足的生活则会导致无聊。所以，地位较低的劳动阶层永远都在与贫乏，也就是与痛苦做斗争，而上流社会的富人则绝望地挣扎在无聊中。痛苦与无聊之间在内在的主体方面的对立则在于：一个人感受痛苦的能力与感受无聊的能力之间成反比，这取决于他的精神能力的大小。亦即一个精神迟钝的人，往往感觉迟钝、较难兴奋，所以精神迟钝的人所感受到的各种强度的痛苦也就较少。然而，精神迟钝导致内在的空虚，在很多人脸上都能看到。此外，人们内在的空虚还表现在，他们对外在世界中发生的所有事情——哪怕是最细微的事情——都表现出持续的、强烈的关注。无聊真正的来源就是内在的空虚，它促使人永远不停地向外部寻求刺激，努力用某些事物来激活自己的精神和情绪。他们的做法可谓饥不择食，从他们对单调、贫乏的消遣和社交趋之若鹜的事实就能看出这一点，何况还有许多人在门口和窗口向外张望。内在的空虚导致他们沉迷于花样百出的社交娱乐和奢侈的消费；而这些东西会使人骄奢淫逸，最终坠入痛苦的深渊。丰富的内在，也就是丰富的精神思想，是让我们避免这种痛苦的唯一方法。这是因为，人的精神思想方面的优势越大，给无聊留下的空间就越小。精神思想丰富的人的头脑中有各种各样思想在活动、更新；它们在体验和探索内部世界和外部世界中的各种事物；还能够将各种思想进行组合整理——除了偶尔的精神松懈状态以外，这些都能够使杰出的头脑远离无聊。卓越智力的前提条件是敏锐的感觉，而其基础是强烈的意愿，也就是强烈的冲动。

这些素质结合起来就使情感变得十分强烈，极大地提高了对精神和肉体方面痛苦的敏感程度。任何不愉快的事，哪怕是最微不足道的骚扰，都会导致强烈的烦恼情绪。所有这些素质都使头脑中对各种事物的表象变强了，包括使人不快的事物。在头脑卓越的想象力的作用之下，这些表象都变得活跃生动。我此处的观点适用于拥有不同精神思想能力的人，不论是最愚笨的人还是最杰出的思想天才。由此可以得出，不论是在客体方面还是在主体方面，一个人越靠近人生痛苦的某一端，那么他同时便越远离另一端。因此，每个人本能地会使自己尽量调解客体来适应主体，从而尽可能远离会更加敏感的痛苦的那一端。一个精神丰富的人会首先努力摆脱痛苦和烦恼，从而达到一个宁静、安逸的状态，也就是获得一种简单、安宁，不受骚扰的生活。所以，只要对所谓的人有一定了解，他就会过起隐居的生活；如果他拥有博大精深的思想，他甚至有可能会独居。这是因为，一个人自身所具有的东西越多，那么他对外部事物的需求也就越少，他人对于他的意义也就越小。因此，一个拥有杰出的精神思想的人往往不喜欢与他人交往。确实，如果社交的质量能由社交的数量来代替的话，过一种你来我往的热闹生活也还算值得。但很遗憾，哪怕一百个愚笨的人在一起聚会，也无法产生一个智慧的人。反之，如果一个人位于痛苦的另外一端，一旦匮乏和需求稍稍放松了对他的要求，让他得以歇一口气，那么他就会千方百计地追求消遣和社交，随意地对待所有麻烦。他之所以这么做只是为了逃避自身，此外没有别的目的。因为当一个人独处时，他只能求诸自身，他自身所具有的东西就会完全地暴露出来。所以，对一个愚笨的人来说，他的可怜的自身是一种无法摆脱的负担，而他只能背负着它唉声叹气。而一个具有卓越的精神思想的人，却可以凭借自己的思想使周围死气沉沉的环境变得生机勃勃。所以，塞尼加①所言非虚："愚笨的人被厌倦所折磨。"而耶稣也说过："愚蠢之人的生活比死亡还要糟。"由此可知，大体上来讲，一个人对社交的热衷程度，与他的智力和思想水平的高低成正比。生活在这个世界上，只能在独处与庸俗之间择其一，此外没有其他的选择。

人的大脑意识是寄生于人身体中的寄生物，人辛辛苦苦打拼来的闲暇时光，就是为了用来自由自在地享受意识和个性带来的乐趣。因此，闲暇是人生的精华，此外人生就只剩下了辛苦劳作。然而，大多数人在闲暇时都获得了什么呢？除了声色享受和嬉笑打闹，就是浑浑噩噩和庸俗无聊。人们对闲暇的消

---

① 塞尼加（约前4—65）：古罗马哲学家、雄辩家。

磨就表明闲暇对他们来说毫无价值。就像阿里奥斯托①所说的那样，他们的闲暇只是"无知者的无聊"。平庸之人只考虑如何打发时间，而稍有天赋的人则在计划如何利用时间。思想浅薄的人很容易感到无聊，原因在于他们的智力只是服务于意欲的工具而已。如果缺少诱发意欲的动因，意欲就会暂停，那么智力也就休假了——因为智力不同于意欲，不能自主激活。这样一来，人的身体具有的所有力量都停滞了，这种可怕的情况就产生了无聊。为了消灭这种无聊，人们就寻找一些琐碎、细微、短暂的动因来对意欲进行刺激，从而使智力活动起来——因为理解和把握动因本来就是智力的工作。然而，上述动因之于那些真正的自然动因，就像纸币之于银圆一样，前者所拥有的只是随意的价值；属于这一类动因的有游戏、纸牌等。这些游戏就是为了上述目的而发明的。这些游戏一旦缺席，那些思想贫乏的人就会随手拿来一样东西敲击来消磨时间。对于这类人来说，能够代替思考的雪茄也大受欢迎。所以，在世界各地的社交聚会中，纸牌都是一种主要的娱乐方式。既然彼此之间没有什么思想值得交换，那么就交换纸牌，还想要赢取彼此的钱财。这些人多么可怜啊！但是公正地来说，我们也可以为纸

---

① 阿里奥斯托（1474—1533）：意大利诗人，著有史诗《疯狂的罗兰》。

牌游戏进行这样的辩护：可以将纸牌游戏看作对日后世俗生活的预演，通过纸牌游戏可以学到如何运用偶然的、无法改变的既定形式（也就是牌局），来尽可能获得我们可能得到的东西；为了实现这一目的，我们必须保持沉着冷静，哪怕牌桌上的局势再不尽如人意，也还是能够面露笑容。但是，正因为如此，玩纸牌也有可能伤风败俗。这一游戏的特征就是人们运用各种阴谋和技巧来赢取他人的钱财。在游戏中所获得的体验和习惯，会延续到实际生活中，并且生根发芽。这样一来，人们便会按照同样的习惯来处理与其他人之间的事务，认为只要不违反法律就可以动用自己所掌握的一切优势。日常生活中随处都能看到相关的例子。如前所述，闲暇是人生命中的花朵，或者更贴切地说是果实。只有在闲暇中人才对自身有所把握和支配，而只有自身具有价值的人才是幸福的。然而，对于大部分人而言，闲暇只会让人变成一个无所事事、无聊至极的无用之人，他的自身则变成了一个负担。所以，值得庆幸的是："亲爱的兄弟们，我们不是干粗活的女工的后代，我们是自由的人。"①

更进一步来说，就像不需要进口或者进口量很少的国家是最幸运的国家一样，一个内在丰富不需要从外部获取乐趣的人

① 出自圣经《加拉太人书》。

则是最幸运的人。这是因为，进口物品需要花费许多国家财产，还需要依赖他人，而且还伴有危险和麻烦。最终，进口的物品只不过是本土产品的劣质代替品罢了，因为不管怎样，都不应该对他人、自身之外有太多所求。一个人对其他人所能做的是非常有限的。归根结底，每个人都是孑然一身的，那么这个独立的人是一个怎样的人便是最重要的问题。所以，歌德的评价（《诗与真》）用在这里非常合适：不管经历了什么事情，最终每个人都只能求诸于己。或者，像奥立弗·高尔斯密①的诗句所说：

　　　　不管我们处于什么地方，

　　　　都只能在自身寻获幸福。

　　　　　　　　　　　　　　　　——《旅行者》

　　所以，每个人都应该使自己的能力得到充分发挥，努力做到最好。一个人在这方面越努力，那么他从自身发现快乐源泉的可能性就越大，而他的幸福度也就越高。亚里士多德的话非常正确：幸福属于那些能够从自身获得乐趣的人。原因在于，

---

① 奥立弗·高尔斯密（1728—1774）：英国小说家、诗人和戏剧家。

幸福快乐的外部源泉，在本质上都是不确定的、短暂的、被偶然所限制的。所以，哪怕是在最好的情况下，它们都可能轻易消失。确实，如果我们无法控制这些外部源泉的话，那么上述情形就会发生。人一旦衰老，那么所有的外在源泉都会枯竭，因为他们已经没有精力去维持谈恋爱、说笑话、旅行、社交等活动或者对马匹的热爱；哪怕是我们身边的朋友和亲人也逐一被死亡夺走了。人自身所拥有的东西在这种时刻要比在其他任何时刻都更为重要，因为只有自身所有的才能更长久地保存。然而，对于任何年龄的人来说，幸福唯一的和真正的源泉就是自身所拥有的东西。我们生活的这个世界没有什么值得称道的东西，到处都是痛苦和贫乏，而那些躲过了痛苦和贫乏的人则又不得不受到无聊的折磨。除此之外，这个世界普遍被卑鄙恶毒所占据着，愚蠢的喉咙叫声更响，仿佛他们说的话也更为重要。命运很残酷，人类很可怜。在这样的世界中，一个人拥有丰富的内在，就像冬天的夜晚，在冰天雪地中拥有一间温暖明亮、使人快乐的圣诞小屋一样。所以，个性越丰富、越出色，特别是具有卓越的精神思想，就是生活在世上最大的幸运，虽然最后命运的结果不一定是光彩夺目的。所以，只有十九岁的瑞典女王克里斯汀曾经非常睿智地评价笛卡尔——她对这位曾独自在荷兰生活了二十年的人的理解只是从他的一篇论文以及口头资料中得来的：在所有认知中，笛卡尔先生是最幸福的那一个；我认为他的生活非常值得羡慕（《笛卡尔的一生》，巴叶著）。当然，必须有笛卡尔那样的条件，拥有允许我们支配自身的外部条件，并且从中得到快乐。因此，圣经《传道书》上说："智慧加遗产就完美了，智慧能够让一个人享受阳光。"一个人如果得到了大自然和命运的祝福，运气好得到了内在财富，那么一定要小心翼翼地保证这幸福的内在源泉不会枯竭。为了达成这一目标，独立和闲暇是必不可少的条件。所以，为了得到上述两种东西，这类人会心甘情愿地用勤俭和节制作为交换。如果他们不像别人那样将自己的幸福依赖于外在源泉的话，就更会这样。所以，这类人不会被对地位、金钱、他人的赞美和拥戴等的期望引入歧途，不会为了迎合他人微不足道的目的或者低级趣味而牺牲自己。一有机会，他们就会按照贺拉斯在信中建议默斯那斯的那样做。牺牲自己内在的安逸、闲暇和独立来追求外部的地位、荣誉、头衔和名誉是非常愚蠢的。歌德所走的就是这样的道路，而我的守护神却引导我向完全相反的方向走。

关于这里所说的幸福来源于人的内在这一真理，可以通过亚里士多德卓越的见解来印证（《伦理学》）。他说："任何快乐都要以人从事某种活动或运用某种能力为前提条件；缺少了这一前提，便谈不上什么快乐不快乐了。"亚里士多德的观点——也就是人的幸福在于自由地发挥自己卓越的才能——与斯托拜阿斯关于逍遥派伦理学的描述相同。斯托拜阿斯说："幸福就是施展、运用我们的技巧，并且获得希望的结果。"他还特别指出，他用古希腊文字来说明的是所有需要使用技巧和能力的活动。大自然之所以给予人们力量，最初就是为了让人们有能力和周围的匮乏进行搏斗。如果这种搏斗停止了，那么力量也就没有用了，反而会成为人们的包袱。所以，人必须为这些力量寻找一些消遣，也就是没有目的地使用它们。这是因为，如果不这样的话，人就会立刻被人生痛苦的另一端——无聊——所侵袭。这也是为什么王公贵族最容易感到无聊。卢克莱修①曾经这样描写这些人的痛苦，如今在所有大城市中都可以看到相似的情况：

> 他时常走出宏伟的宫殿，步履匆匆地走向户外——因为他已经厌烦了房间——然后又突然回来，因为他觉得外面也并没有多好。抑或，他骑着马在农庄中奔驰，好像庄园起火了必须马上赶去救火一样。但是，刚刚走进庄园大

---

① 卢克莱修（约前99—前50）：拉丁诗人、哲学家。

门，他就立刻感到无聊打起哈欠来，甚至干脆躺下来呼呼大睡。他要努力地忘记自己，直到他想重返城市的那天。

这些绅士们年轻力壮时，肌肉十分有力，生殖能力也很旺盛。但随着年龄的增长，唯一能够保存下来的唯有思想能力。如果我们本来就缺乏思想能力，或者没有适当地锻炼我们的思想能力，再不然缺少能够充分运用这一能力的材料的话，我们就会面临十分值得同情的悲惨情形。只有意欲永远不会枯竭，只要有激情的刺激它就会被激活。比如说，一掷千金的赌博——真正属于低级趣味的罪恶——就可以激活意欲。通常而言，每个无所事事的人都会选择一种能够发挥自己特长的消遣，例如下棋、玩牌、打猎、画画、赛马、玩九柱戏；或者钻研文章、音乐、诗歌和哲学。想要对这个课题有更全面的了解，我们可以研究人的能力的所有外在表现的根源是什么，也就是深入探索人的三种生理基本能力，也就是需要研究这三种能力的那些没有目的的运用和活动——人类三类快乐的源泉便是由此构成的。每个人都拥有一类适合自己的快乐，这是用他所具有的突出能力的类别决定的。第一类是由机体新陈代谢能力带来的快乐：包括进食、消化、休息和睡眠。一些国家认同这类快乐，甚至是全民的娱乐方式。第二类是运用肌肉力量带来的快乐：包括走步、跳跃、击剑、骑马、跳舞、打猎和各类体育游戏；甚至包括战争和搏斗。第三类是发挥感觉能力带来的快乐：包括思考、观察、感觉、阅读、冥想、写作、学习、发明、演奏和思考哲学等。关于这些快乐的级别、价值和延续时间，说法不一，读者也可以进行补充。但应该明白的是：我们所感受到的快乐（它的前提是施展我们的能力）和幸福（快乐的不断重复就构成了幸福）的感觉越强烈，那么作为这快乐和幸福前提的力量的等级也就越高。而且毫无疑问的是，感觉能力在这一方面要比其他两种基本生理力量更有优势——人相较于动物在感觉方面的优势就是人优于动物的地方，而人所拥有的其他两种基本生理能力动物也同样拥有，而且动物在这些方面的能力远超人类。人的感觉能力属于认知能力的范畴；所以，出色的感觉能力让我们得以享受认知方面，也就是精神思想方面的快乐。情感能力越是突出和优秀，我们享受到的这一方面的快乐也就越强烈。如果想要让一个平庸的人热切地关注某件事，只能通过刺激他的意欲来使他对这件事产生切身兴趣。但是，意欲如果保持长时间的兴奋，就无法保持纯净，总是会有杂质，与痛苦紧密相连。确实，它能够使人们产生付钱的乐趣，而它带来的痛苦也是暂时的、微弱的，而非永远的、强烈的。因此，纸牌游戏也不过是对意欲挠痒痒一般的挑逗而已。反观那些具有卓越精神能力的人，却能够以充足的热情进行认知活动，其中并没有意欲夹杂其中。实际上，他们也是被迫这样全情投入的。在他们热切投入的领域中，有着陌生的痛苦。可以这样说，他们处于神灵自由自在地生活的地方。因此，大众的生活使自己变得浑浑噩噩、冥顽不灵，他们的思想和意欲全部用来维护能够使其个人获得安逸的微不足道的事物，因此，他们的生活中充满了各种各样的痛苦。所以，如果他们不再为这些目的而忙碌，并被迫反过头来依赖于其自身的内在，那么他们就会受到极大的无聊的袭击。这种情况下，只有激烈的情欲才能使大众那种死板呆滞的生活获得一丝生气。然而，拥有卓越的精神思想的人的生活却丰富多彩、生机勃勃、充满意义；有价值和兴味的事情引起他们的兴趣，并且充满了他们的头脑。由此可见，快乐最高级的源泉就来自于人的自身。能够刺激他们的外在事物包括大自然的产物、他们所观察到的人类事务，以及古往今来、世界各地的天才所创造出的数不尽的杰作。只有这类人才能够真正地、彻底地享受这些杰作，因为只有他们才能充分地进行理解和领悟。所以，可以说历史上的天才其实是在为这些人而活，并且求助于他们。而其他人只不过是偶然的围观者罢了，他们只能明白一些皮毛而已。当然，天赋较高的人有一个普通人所没有的需求，那就是学习、观察、研究、沉思和实践。这也正是对闲暇的需求。然而，就像伏尔泰曾正确地说明的那样："只有真正的需求才会产生真正的快乐。"因此，想要得到他人所没有的快乐的前提就是需要有相应的需求。对于其他普通人来说，虽然他们身边也有着大自然之美、艺术之美和思想领域的杰作，但这些东西对于他们来说就像美丽的妓女对于年老体衰的人一样无用。所以，一个拥有卓越的思想的人过着双重生活，第一种是他的个人生活，第二种则是思想领域的生活。逐渐地，第二种生活变成了唯一目标，而第一种生活则沦为了实现其目标的手段。不过，对于普罗大众来说，他们的目标只是空虚浅薄、烦恼重重的生存罢了。拥有出色的精神思想的人最重视的是精神生活。随着他们对事物的观察能力和认识程度逐步加深，他们的生活便得到了某种整体性的统一；他们的精神生活的境界越来越高，变得越来越完美，就像一件完美的艺术品一样。而那种单纯以个人自身安逸为目标的现实生活，在上述精神生活的对比下则显得很可悲——因为这种生活所能发展的只是长度而非深度。如前所述，对于普通人来说现实生活就是他们的目的，而对于拥有卓越精神的人来说则只是手段罢了。

如果缺少情欲的驱使，现实生活就会变得无聊和乏味；但是如果受到情欲的驱使，又会受到痛苦的折磨。所以，唯一幸运的只有那些拥有超凡思想禀赋的人，他们的智慧比意欲所需要的程度要更高。只有这些人才能同时享有现实生活和脱离痛苦的精神生活。他们全心全意地投入在这种精神生活中，丝毫不会感到疲倦。如果单单具有闲暇，就是说智力不需要为意欲服务的话，也不能够使人们拥有精神生活；此外，人们还必须拥有某种真正富余的能力才能够享有精神生活。只有拥有这种富余的能力，才能够进行纯粹的、不为意欲服务的精神活动。相比较而言，"没有精神思想方面的消遣的闲暇与死亡无异，人好像要被它活埋一般"（塞尼加）。每个人所具有的精神思想能力的富足程度不同，在现实生活中便有着不同等级的思想生活：从收集和描绘昆虫、鸟类、矿物、钱币等事务，到进行最优秀的文学和哲学创作。这类精神生活使我们可以免于低级的社交，以及其他各种各样的危险、痛苦、纵欲和损失。一个人如果仅仅追求现实生活中的幸福，那么上述不好的东西就难以避免。因此，就我自己来说，虽然我的哲学并没有带来什么具体的益处，但让我远离了许多损失。

然而，普罗大众却总把希望寄托于身外之物上，希望财产、地位、妻儿、朋友、社会人群能够带给自己生活的快乐；在这些东西上面寄托了他一辈子的幸福。所以，一旦这些东西没有了，或者得到这些东西的希望破灭了的话，他的幸福也就随之消逝了。这样说能够更清楚地说明这种情况：此人的重心位于他自身之外。正因如此，普通人的想法和心愿总是在不断变化，如果他有足够能力的话，他就会变换各种花样，或者在乡间购买一幢别墅和良种马；要么举行晚会，要么外出旅行。反正他要尽情享受奢华的生活，因为他只能从外部获得满足，就像身患重病的人希望通过服用药物来恢复身体的健康和力量一样。实际上，健康和力量的源泉是人自身的生命力。接下来并不立刻讨论属于另一极端的人，而是先来讨论一下精神思想的力量虽然并不杰出，但又较普通人更强的人。可以看出：如果快乐的外在源泉不足，或者那些外在源泉已经不能使他们感到满足的话，这类人就会选择一门优美的艺术或者自然科学进行学习研究，或植物学、矿物学、物理学、天文学、历史学等，并且从中得到消遣和娱乐。我们可以说这类人的重心一部分存在于自身。不过，这类人对于艺术的爱好是业余的，与自发的艺术创造力之间还有不小的差距；而单纯的自然科学只涉及事物表面现象之间的联系，所以这些无法使人全身心地投入，无法占据人们的头脑，并且与其生命存在紧密地结合在一起，从而使人对其他所有事物都没有了兴趣。只有被我们称为"天才"的那一类人，也就是具有最卓越的精神禀赋的人才能进入上述状态，因为只有他们才会将存在本身和事物的本质完完整整地纳入研究的课题。然后，他们便使用适合自己个性的方式，将自己获得的深刻见解通过艺术或哲学表达出来。所以，这类人非常迫切地需要远离外界的打扰，以便全身心地投入于自己的思想和作品中。他们渴望独处，闲暇对于他们来说是上天的恩赐。其他任何好处都是多余的——假设它们真的存在的话，它们往往只会成为一种负担。唯有对这类人才能说：他们的重心就位于他们自身之中。从中我们就可以明白，为什么这类极为少见的天才，就算本身性格脾气很温和，但是对朋友、家人和集体也缺少其他人所拥有的那种息息相关的兴趣。他们自身拥有丰富的内在，所以就算其他所有东西都消失了，他们也能够得到安慰。所以，他们总是有一种孤独的气质；特别是当他人从来未曾真正、完全地使他们满足的时候，这种特质就表现得更为明显。所以，他们无法将其他人看作自己的同类。确实，如果相互之间差异巨大的话，他们对于作为人群中的另类生活其中也就习以为常了。他们在脑子里用第三人称的"他们"，而非第一人称的"我们"来称呼人群。

从此可以看出，那些获得大自然的恩赐并具有卓越的精神禀赋的人，就是最幸运的人。确实，对于我们来说，主体拥有的东西要比客体拥有的东西更近；如果客观事物真的有什么作用，不管是什么样的作用，首先都需要通过主体才能发挥作用。所以，客观事物永远是第二性的。下面这句优美的诗可以作为证明：

> 只有内在的灵魂才是真正的财富；
> 其他一切带来的烦恼比好处更多。

> ——卢奇安[①]

　　如果一个人拥有丰富的内在，那么他对外在世界就毫无所求，除了闲暇这一具有否定意味的馈赠。他需要闲暇来使自己的精神能力得到提升和发展，充分享受自己的内在财富。他唯一的要求就是，在自己的一生之中的每一天都能做自己。如果一个人注定要给整个人类留下自己的精神财富，那么对于他来说唯一的幸福或不幸就是：能够充分发掘、培养和发挥自己的才能，从而完成自己一生的杰作。此外的一切对他来说都并不重要。因此，我们会发现，任何时代的杰出的精神人物都把闲暇看作人生至宝：因为对于每一个人来说，闲暇的价值就等同于他自身的价值。"幸福似乎就是闲暇"，亚里士多德曾这样说。狄奥根尼斯曾说："苏格拉底最为珍视的就是闲暇。"与这

　　[①]　卢奇安（约120—180）：2世纪希腊修辞学家、讽刺作家。

些说法类似，亚里士多德称研究哲学的生活为最幸福的生活。他在《政治学》中的论述也与我们现在的讨论有关，他说："能够完全自由地培养、发展一个人的卓越才能，不论是什么才能，就是真正的幸福。"歌德在《威廉·迈斯特》中也有相似的说法："如果一个人拥有与生俱来的才能，并且注定要发挥这种才能，那么能够充分发挥这种才能就是最幸福的人生。"但是，对于人们的普通命运来说，闲暇是少有的、奢侈的，对于人们的通常个性来说也一样，因为人天生的命运就是要花时间去获取他自己和家人的生活必需品。人并不能自由发挥思想，因为他是匮乏的后代。所以，对于普通人来说闲暇就变成了一种负担。确实，如果不能用各种虚幻的目标和各种各样的爱好娱乐来消磨时间，那么闲暇最后就会变成痛苦。同样，闲暇还可能带来危险，因为"一个人无所事事的话就很难安静下来"这句话是很有道理的。然而，从另一方面来说，一个人拥有超常的智力本身就是违反自然的。所以，如果一个人真的拥有这样超常的禀赋的话，对于他的幸福来说闲暇就是必需品了。因为，如果没有闲暇，这类人就会像被木轭子套住的柏加索斯①那样忧愁。如果上面两种特殊的反常情况——外在的特殊情形闲暇和内在的卓越禀赋——碰到一起的话，那就是一个人最大的幸运。因为这种情况下，那个天赋异禀的人就能够获得更高级的生活，亦即这种生活摆脱了人生的两个互相对立的痛苦根源：匮乏和无聊。换言之，他不用再为了生存而苦苦奔波，也不会无法承受闲暇（闲暇就是自由地生存）。只有人生的两种痛苦互相抵消和中和，人才能够摆脱两者的烦扰。

然而，我们还应该了解：一个天赋异禀的人的头脑拥有超常的神经活动，所以他对各种痛苦的感受能力也会更强。此外，他拥有超凡禀赋的前提条件——也就是激烈的气质，再加上与此相关的对事物和形象的更加鲜明、彻底的认识，都会使他所感到的情绪更为激烈。通常来讲，这些感觉带给人的痛苦要多于快乐。最后还有一点，巨大的精神思想天赋会使它的拥有者远离他人及其追求。这是因为，一个人自己拥有的越多，他能够从别人身上发掘获得的东西就越少。那些深受大众喜爱的花样百出的娱乐，对他来说却十分浅薄无聊。那存在于各处的事物之间的均衡互补法则也许同样存在于这里。的确，人们

———————

① 柏加索斯：希腊神话中长有翅膀的飞马，马蹄踏过的地方会有泉水涌出，诗人喝了之后会获得灵感。

常说的而且好像颇有道理的观点就是：头脑浅薄的人从根本上来讲是幸福的，虽然这种幸福并不值得羡慕。对于这一问题我不想给出一个明确的说法，以免让读者先入为主，而且索福克勒斯①对于这种问题就有着两种相矛盾的看法：

对于幸福来说聪明的头脑是最重要的。

以及

想要拥有轻松愉快的生活最好拥有简单的头脑。

圣经《旧约》中，先贤们对这一问题同样众说纷纭：

愚笨的人的生活比死亡还要糟。
智慧越多，烦恼也就越多。

这里我也不会忽略这种人：由于他们的智力是常规的有限的，所以他们在精神思想上并没有什么要求，也就是德语中所

---

① 索福克勒斯（前496—前406）：古希腊三大悲剧作家之一。

说的 Philistine——"菲利斯坦人"。这个名字来自德国的大学生词汇。后来，这个词有了更深层的含义，这层意思与原意相差不远；"菲利斯坦人"的意思与"缪斯的孩子"的意思正好相反，也就是"被文艺女神遗弃的人"。的确，从更高的角度来看，我应当把这个词定义为所有严肃古板，只关注那些并非现实之现实的人。不过，这个超验的定义与大众的视角是相悖的——而我在本书中采用的就是大众视角——因此，这样的定义可能不会被所有读者真正理解。相较之下，这个词的第一个定义则更好理解一些，而且详细地指出了菲利斯坦人的特质及其来源。所以，菲利斯坦人指的就是没有精神需求的人。按照上文中的原则，"没有真正的需求也就没有真正的快乐"来推断的话：首先，从菲利斯坦人自身来讲缺少精神乐趣。他的存在缺少这样一种强烈欲望的驱动，即对知识和真理的探求，以及享受真正的美的强烈愿望——美的感受离不开对知识和真理的探求。但是，如果社会风尚或者权威使他们不得不享受这种快乐，那么他们就会像应付苦差事一样尽快把它们应付过去。对他们来说，只有感官的快乐才是真正的快乐。他们生存的最高追求就是牡蛎和香槟。他们生活的目的就是获取能够带来身体上的舒适和安逸的事物。如果他们为了这些事情而忙得团团转的话，他们就会真的感到快乐了！因为，如果这些东西最初就给他们提供充足，那么他们就会被无聊所包围，为了抵御无聊，他们会想出各种各样的方法：跳舞、社交、看戏、玩牌、赌博、喝酒、旅行、赛马、玩女人等。但是，所有这些消遣都无法击退无聊，因为如果没有精神上的需求，那么也就不可能获得精神上的快乐。所以，菲利斯坦人有一个奇怪的特质，那就是他们的表情都是严肃、呆滞、乏味和一本正经的，和动物十分类似。没有什么事能使他们感兴趣，或者使他们感到激动、快乐。感官上的兴趣很快就会消失。如果一个社交聚会上全部都是菲利斯坦人的话，那么这个聚会很快就会变得无聊乏味，最后连纸牌游戏都会使人厌倦。无论如何，这种人最终剩下的仅有虚荣心。他们用各式各样的方式享受虚荣心带来的乐趣，亦即：他们努力获得胜于他人的财富、社会地位或者权力和影响力，并由此获得他人的尊崇。或者，他们至少能够追随在上述有能力的人身边，笼罩在这些人发出的光芒之下。从我们提到的这些菲利斯坦人的本质可以得出第二点：在对待他人方面，由于菲利斯坦人只有身体需求而没有精神需求，所以他们在与别人交往时，会选择那些能够满足自己的身体需求而非精神需求的人。所以，他们对他人要求最低的就是对方所具有的精神思想。那些具有卓越的精神思想的人只会让他感到反感，乃至憎恶。那是因为，这种人激起了他那可憎的自卑感和愚蠢的、不为人知的忌妒心——他一直试图小心地遮掩着这些东西，甚至对自己也遮掩。但正因为如此，这种忌妒心就会变成一种私下里的痛苦和愤怒。所以，他永远不会给予卓越的精神思想以恰当的尊敬；他只是全心全意地尊敬那些拥有地位、财富和权力和影响力的人，因为在他心目中这些才是真正有价值的东西。他的愿望也就是在这些领域胜人一筹。所有这些的源头都在于这个事实：他是一个没有精神需求的人。

菲利斯坦人的巨大痛苦就是，任何理念性的事物都不能给予他们快乐。为了避免无聊，他们对于现实性的事物有着无穷无尽的需求。但是，因为现实性的东西很快就会穷尽，这种情况一旦发生，这些东西所能带来的就不再是快乐而变成了厌倦。此外，这些东西还会招致灾祸。相较之下，理念性的东西确是无穷尽的，而且它们本身是无邪无害的。

在关于什么样的个人素质和天赋能够给人带来幸福的讨论中，我主要关注的是人在身体和智力上的素质，而关于道德素质是怎样直接带给人幸福的这一问题——我在关于道德的那篇获奖论文①中已经进行过讨论了。所以，我建议读者们读一读那篇论文。

---

① 指《论道德的基础》。

第三章

人 的 财 产

────────────◆◆◆────────────

　　杰出的幸福论教育家伊壁鸠鲁优美而准确无误地将人的需要分为三类。第一类是人天生的迫切的需要。这一类需要如果无法满足的话，人就会感到痛苦。这一类需要理所当然就是食物和衣物，是较容易被满足的。第二类需要也是天生的，但并不迫切。那就是性欲的满足，虽然伊壁鸠鲁在《赖阿特斯的报道》中并没有明确指出（此处我将他的理论更清楚、更完整地表达出来）。这一需要的满足也较为困难。第三类需要则既不是天生的，也并不迫切，那就是追求奢华、排场、铺张、辉煌，这种追求是永无止境的，所以这类需要也很难满足。

　　在拥有多少财产这一方面的愿望，几乎不可能或者很难确定到底怎样的程度才是合理的，因为一个人所拥有的某种财产的绝对值并不能决定他在财产方面的需求能否满足。他的满足程度是由相对数量决定的，亦即，由他所期望得到的财产和实际已拥有的财产之间的比例所决定。所以，只考察一个人实际拥有的财产没有任何意义，就像在计算分数时只计算分子而没有计算分母。当一个人的意识中还不存在对某种东西的需求时，他就不会感到这方面的缺乏。就算没有这样东西，他的内心也仍然是平静的。但是，如果一个拥有百倍财产的人，一旦他对某种东西有了需求又无法得到它的话，他就会感到郁闷。在这一层面，每个人认为有可能满足的需求都限制在他的视线范围内。他的需求不会超出这一视线范围。如果属于他的视线范围之内的具体事物出现，并且他认为能够得到的话，他就会感到幸福。但是，如果得到这一事物十分困难，甚至根本没有任何希望和可能性，那他也不会受到影响。所以，穷人并不会由于无法得到巨额财富而痛苦不堪，但富人在计划失败或期望落空时，就会忽略自己已经拥有的数量可观的财富，也不会以此来自我安慰。财富就像海水：一个人喝的海水越多，就越感到口渴。名声也适用于这个道理。当我们失去了财富或者安逸的生活时，最初的剧痛一旦挺了过来，我们通常的心境就和最初的没有太大的差别了——这是因为：我们的财富被命运削减时，我们的要求也就相应降低了。当不幸降临时，上面所说的这一过程是十分痛苦的；但当这一过程结束后，痛苦也就减少了很多，最后甚至完全感觉不到了，这是因为伤口已经愈合。相反，如果好运来临，我们的期望就会极大地膨胀，这一过程给我们带来了快乐。然而，这种快乐无法持久。当这个过程结束后，我们已经习惯了那被扩大的需求范围；而且，我们目前所拥有的东西与新的需求相比就显得不足为道了。荷马在《奥德赛》第十八节所表达的意思与这里所说的相类似。这一节的最后两行如下：

> 平凡之人的情绪起伏不定，
> 就像神、人之父所赐予的日子。

我们感到不满的原因就在于我们试图不断地提高自己的要求，但与此同时，其他阻碍我们成果的条件却没有改变。

对于人类这样一个贫乏、欲求不满的物种，人们对财富的尊重要比对其他任何东西的尊重都要更多、更真诚，甚至近乎崇拜，这也不足为奇。甚至连权力也只是获取财富的工具而已。同样不值得奇怪的是：为了实现获得财富这一目标，什么东西都可以被推翻、被抛弃。比如，哲学教授就是这样抛弃了哲学的。

人们的最首要的愿望总是金钱，人们对金钱的热爱远超其他一切，并且经常因此受到责备。但是，人对金钱的狂热是自然的，并且无法避免的。金钱仿佛永不疲倦的普鲁特斯①一般，时刻准备着变换成我们飘忽不定、变幻多端的愿望和欲求所需要的东西。任何金钱之外的物品都只能使一个需要得到满足，比如说食物能够满足饥饿之人的需要，醇香的酒能够满足健康的人的需要，药物能够满足病人的需要，皮毛能够满足人们在冬季的需要，女人能够满足小伙子的需要等。所以，这些东西都只能"服务于某种特定的东西"，它们只有相对的好处。而只有金钱的好处才是绝对的，因为它不仅仅能满足某种具体需要，而是能够满足多种抽象的普遍需要。

我们应该把现在所拥有的财富看作能够抵御各种可能发生的灾祸的城墙，而不是用来挥霍、享乐的许可证，我们的义务并不是寻欢作乐。如果一个人凭借自己的某种禀赋——无论是什么禀赋——从最开始的籍籍无名一直到获得了巨大的财富，那么他就会产生这样的错觉：自己的禀赋是不会改变的本金，而通过它获得的金钱只不过是本金产生的利息。所以，他并不

---

① 普鲁特斯：希腊神话中善于变形的海神。

会将赚来的钱拿出来一部分当作稳固的本金来积累，而是大手大脚地挥霍掉。在这种情况下，他们最终通常会陷入贫困，这是因为如果他们的天赋所维持的时间较短，比如说几乎一切关于美的艺术都有这样的情况，那么他们的天赋就总有一天会枯竭。抑或，他们需要依赖于某种环境和风尚才能赚钱。一旦这种环境和风尚消失，他们也就无法赚钱了。手工制作者却可以像上述情况一样大手大脚地花钱，赚了就花，花了再赚，因为他们的制作才能是不会轻易消失的，而且助手和帮工的力气也不会将他们取代。所以，以下说法是正确无疑的："掌握一门手艺，就等于有了一个金饭碗。"而形形色色的艺人和艺术家所遇到的却是完全不同的情况。因此，他们能够得到非常丰厚的报酬。他们应该把赚来的钱当作本金，但他们却将之当作利息。这就导致他们最终会陷入贫困。相较而言，那些继承遗产的人最起码很快会对本金和利息有所了解。因此，他们中的大部分人会努力妥善地保管自己的本金。实际上，如果有可能，他们最少会将利息的八分之一存起来以备不时之需。所以，他们大部分人都过着富裕的生活。我此处所说的不包括商人，因为金钱对于他们来说本来就是产生更多金钱的工具和手段。所以，虽然他们用辛劳赚来了钱，但他们还是会用最合适的方法来使用这些钱，从而保持和增加资本。所以，在巧妙地、合适地运用金钱方面，他们要比其他任何阶层的人都更擅长。

通常情况下，那些亲身经历过匮乏和贫穷的人，与那些对贫困只是有所耳闻的人相比，更不害怕贫困，所以更热衷于奢侈和豪华。前者包括撞大运的人或通过自己的某种特长——不管是什么特长——从最初的贫困很快过上富足生活的人；后者则包括在家境良好的环境中出生并成长的人。后者更关心未来，所以与前者相比他们生活要更节俭。由此可以得出这样一个结论：与我们大致看到的景象不同，贫穷并没有那么糟糕。不过在上述例子中，在富裕家庭中出生的人把财富看作必备之物，是唯一可能的生活的必备元素，就像空气一样必不可少。所以他们就非常警觉地像保护生命一样保护着自己的财产。因此，他们一般都会谨小慎微、勤俭节约、井井有条。相反，那些出身贫困的人却认为贫穷是理所当然的。对于他们来说，继承而来的财产只不过是多余的东西，钱就应该用来享受和挥霍！当他们把财富挥霍一空时，他们仍然会像以前贫穷时那样继续生活，而且，还少了一样烦恼呢！就像莎士比亚所说：

　　一旦乞丐坐上了坐骑，就一定要把马跑到累死。

——《亨利五世》

当然，这类人对自己的运气和能力有着过于坚定的自信，因为这两种东西帮他摆脱了贫困。然而，他们的信心更多地存在于心里而非头脑里。因为与那些生而富贵的人不同，他们并不认为贫困是无底深渊。在他们看来，只要用脚努力蹬踏几下，就能再次浮起来。人的这种特性可以解释为什么与嫁妆丰厚的富家女相比，出身贫困的女子反而更加挑剔、讲究和奢侈浪费。因为通常来讲，富家女相较于贫家女，她们继承的不仅有财产，而且还有着更强烈的保护财产的愿望。不过，反对这一观点的人可以从阿里奥斯图的第一首讽刺作品中得到权威的支持。但约翰逊博士①是同意我的观点的："一个习惯管理金钱的贵妇，花钱时会小心翼翼；而一个在结婚后才变得有钱有权的女人，花钱时却会胆大妄为，以至于挥霍无度。"（《约翰逊的一生》，博斯威尔著）无论如何，我都要劝告那些娶了贫家女做妻子的人，不要把本金给她们，而是给她们发放年金。特别要注意的还有，不要把孩子的财产交给她们。

在这里我提醒人们，小心地保管挣来的钱或继承的财产。相信我这么做并不是白费笔墨。如果一个人最初就有丰厚的财富，能够真正独立自主地生活，亦即不用付出辛劳就能过上舒

---

① 约翰逊博士（1709—1784）：英国诗人、作家和评论家。

适的生活——哪怕是只能维持自己的而非全家的生活——那就是一种十分珍贵的优越条件了；因为这样一来，他就能摆脱人生中的匮乏和辛劳，从大众的苦役中解脱出来——而这种苦役是普通人的宿命。只有这种得到命运眷顾的人，才是真正自由的人。只有他们能做自己的主人，主宰自己的时间和力量。每天早上他们都可以宣告："今天是属于我的。"因此，一个拥有一千塔勒①年金的人与一个拥有十万塔勒年金的人之间的差异，要比前者与一个一文不名的人之间的差异小得多。如果祖上的家产由一个拥有卓越精神禀赋的人来继承——他所从事的事业与埋头赚钱并没有太大关系——那么，这笔财富就能发挥出它最高的价值，因为这个人得到了命运的双重恩赐，他可以尽情为了自己的天赋而生活。他可以做别人做不到的事，创造出既有益于大众，又能带给自己荣耀的东西。他通过这样的方式上百倍地偿还自己对世人的亏欠。其他同样拥有优厚生活的人则可以通过慈善活动来为世人做贡献。相较之下，如果一个继承了遗产的人不从事任何上面提到的事情——就算只是试着去做或者只做出了很少的成绩——甚或根本没有尝试着仔细研究一

---

① 塔勒：15世纪末以来主要铸造和流通于德意志等中欧地区的一系列大型银币的总称。

门学问，来促进这门学问的发展；那么，他就是一个可耻的游手好闲的人。这类人也不会觉得幸福，因为脱离贫穷将他引入了人生痛苦的另一个极端——无聊。他忍受着无聊的折磨。如果身处贫困之中能让他有事做的话，他反而会觉得生活更幸福。无事可做的无聊很快就会使他开始穷奢极欲，这样一来他那根本不配享用的优越条件也就被剥夺了。很多富人最后都会陷入贫穷的境地，原因就在于他们有钱时就拿来肆意挥霍，目的不过是为了从折磨他们的无聊中获得短暂的喘息机会。

但是，如果我们以获得最高的公职为目标，那情况就完全不同了，为了达成目标，我们必须获得朋友的支持、人脉和他人的青睐；只有通过这种方式才能逐渐晋升，直到获得最高的职位。这样说来，出生时一无所有反倒更好。特别是一个出身并不显赫却拥有某种才华的人。如果这个人是一文不名的穷人，这反而会成为他真正的优势，他可能因此而受到他人的提携。这是因为，每个人都喜欢在他人身上寻找缺点和不足——这不但表现在人们之间的交流上，更表现在国家公务事业方面。只有一个一无所有的穷光蛋才会对自己彻底的、全面的、绝对的劣势没有任何怀疑，才能够清楚地认识到自己是毫不重要、毫无意义的。只有在这种情况下，他们才会不断地对别人弯腰鞠躬，也只有他们才会鞠九十度的深躬。只有他们才能一再隐忍，并且用微笑来回应。只有这种人才明白自己的贡献没有任何意义；只有这种人才会用高高的声调或醒目的黑体字，把拙劣的文字作品在公开场合奉为经典——那些作者如果不是地位比他们高很多，就是非常有势力；也只有这种人才会做出一副讨好人的模样。所以，只有这种人才会在青年时就大力倡导下面这条很少有人指导的真理——歌德通过以下句子将这一真理表达了出来：

谁都不要抱怨卑鄙和下流，因为

只有卑鄙和下流才是这世界上最具威力的东西。

相较而言，一出生就无须为生活忧虑的人，通常都难以管束。这种人习惯于高昂着头颅、迈着大步生活，并没有学会上面所说的为人处世的艺术。他们或许也拥有某些值得骄傲的才华，但他们应该明白，这些才华根本无法与平凡庸俗、拍马屁相提并论。最后，他们会发现那些身居高位的人身上的平庸和低劣。除此以外，当他们遭受他人的侮辱和各种气愤的事情时，他们就会感到羞耻、迷茫和恐惧。这可并非是这个世界的生存之道。反之，他们应该附和伏尔泰的这句话："我们没有太多时间存在于世界上，不值得匍匐于可鄙的坏蛋脚下。"顺便补充一下，遗憾的是世界上有许多所谓的"可鄙的坏蛋"。所以，我们可以看出尤维纳利斯①的这句诗：

在促狭的房间中，无法施展，

想要昂首挺胸已经是很困难的了。

更适合从事艺术表演方面的人，而不适合其他那些善于钻营的世俗之人。

　　在"人所拥有的财产"这章中，我并没有算上妻子和孩子，因为实际上并不是他拥有妻子和孩子，而是妻子和孩子拥有他。不过，朋友可以算作一个人所拥有的东西，但甚至在这一层面，在某种程度上来说拥有者同样也是他人所拥有的东西。

---

① 　尤维纳利斯（约60—约140）：古罗马讽刺诗人。

第四章

人在他人心中的位置

我们展示出来的表象——亦即我们在他人眼中的形象——往往被我们过于重视，这可能是由我们人性中的一个独特弱点导致的。虽然只要简单思考一下就能明白，对于我们的幸福来说，别人的看法在本质上来讲并不十分重要。所以很难解释明白为什么一个人发现自己可能在别人那儿得到一个好的评价时就会感到高兴，虚荣心就会得到一定的满足。就像一只猫在被人爱抚时会高兴地叫唤一样，一个人被他人赞美时，脸上就会流露喜悦的神色。只要别人的赞美属于他的期待范围，那么就算这种赞美很显然是虚伪的，被赞美的人仍然会很开心。这类人就算遇到真正的不幸，或者幸福的两个主要来源——上文中已经论述过的——十分匮乏，但是别人的赞美仍然能让他们感到安慰。使人感到惊奇的是，不管处于什么情况，只要他们想要获得他人良好评价的愿望受到任何程度、任何意义上的挫折，抑或如果他们被别人轻视怠慢的话，他们都会感到伤心难过，甚至巨大的痛苦。如果说荣誉感是以这种特殊的人性为基础的，那么它就是道德的替代物，就可以有效地督促人们多做善行。但是，在人自身的幸福方面，特别是在与幸福关系密切的平和心境和独立自主方面，这种荣誉感起到的更多是扰乱等消极作用，而非积极作用。所以，为了增进幸福这一目标，我们应该对这一人性的弱点加以限制；应该仔细地思考以及恰当地评价其真正的价值，尽量使我们对他人意见的敏感度降低，不管是受到他人意见的安慰还是伤害都应该这样，因为这两者是一条线的两端。不然，人们就会被他人的看法所奴役：

> 让一个渴望赞美的人感到苦恼或者高兴的话，
> 实际上是多么无关紧要！
>
> ——贺拉斯

对于我们的幸福来说，正确评价我们的自身价值和正确看待他人对自己的评价是非常有益的。我们的自身包括我们生存时间所具有的全部事物，我们生存的内在成分，以及我们在"人的自身"和"人所拥有的财产"这两章中论述过的所有好处。在我们的头脑意识中，所有这些都在起着作用；而他人对我们的看法只在他人的头脑意识中起作用，它是呈现在他人头脑中的带有附加的各种概念性的东西的表象。因此，对于我们来说，他人的看法并不是直接存在，而是间接存在——只要这些看法并没有影响和决定他人对我们的行为。只有当他人的看法对某件事物发生作用，并从而影响到我们自身时，我们才需要考虑他人的看法。在其他任何情况下，对我们来说，他人头脑意识中发生的东西都无关紧要。而且，如果我们最终能够清楚地认识到：大部分人的头脑中充满的思想和念头都是肤浅而微不足道的；他们目光短浅，没有什么高尚的情操；他们的见解也充满错漏、不分是非，——这时，我们就会渐渐地很漠然地对待他人的评论了。此外，根据我们的个人经历就可以得知，当一个人不需要害怕他人，或者当他确信自己的话不会被议论对象知道时，他就很容易用轻蔑的话语议论他人。只要听一下一群愚蠢的人是怎么用轻蔑的语气讨论那些最伟大、最杰出的人物，我们就会对他人的看法更加不以为意了。我们也会明白，如果对他人的看法过于看重，那就是高看他们了。

　　无论如何，一个人如果没有从上述前两种内在和外在的财富获得幸福，而只是在这第三种的好处中寻觅幸福，亦即：他不在自己的真正自我中，而是在他人头脑里自己的表象那里寻求快乐和满足，那么，他就是十分不幸的。因为说到底，我们的动物本性才是我们存在的基础，也就是我们幸福的基础。所以，对于我们生活的舒适程度来说，健康是首位，处于第二位的是维持生存的手段，也就是无须辛劳的收入。荣誉、地位和名声——虽然很多人认为这些东西很有价值——但却无法与关键的好处相媲美，或者取而代之；必要时，为了前两种好处，我们应该毫不犹豫地将这第三种好处抛弃。正因为如此，对于增进我们的幸福来说，了解一下这一朴素的道理是很有好处的：任何人首先而且实际上的确是寄居于自己的皮囊之中，而并非存在于他人的看法里；所以，对于我们的幸福来说，我们个人的现实情况——健康、性格、能力、收入、女人、子女、朋友、居所等因素对这种情况有着决定性的作用——要比他人对我们的随意的看法重要许多倍。与这一观点相左的错误看法只能使我们陷入不幸。如果有人高调宣称"名誉比生命还要重要"，实际上就等于在说"人的生存和安逸是无关紧要的，他人对我们的看法才是最重要的"。不管怎样，这种观点都太夸张了，它得以成立的基础是以下这个简单的道理：如果想在这世界上站稳脚跟，对于我们来说，名誉——也就是他人对我们的看法——常常是绝对需要的。以后再对这一点进行仔细的论述。然而，我们发现：差不多每个人穷尽一生努力拼搏，克服了艰难险阻，最终目的就是为了让他人对自己高看一眼。人们费尽心思追逐官职、头衔、勋章和财富，最主要的目标都是获得他人的尊重，甚至从事科学和艺术的根本目标也是如此。通过这些情况可以很遗憾地看出来人类是多么愚蠢。人们经常犯的错误就是过于看重他人的意见和看法。这个错误或者来源于我们的本性，或者是随着社会和文明的发展而产生的。无论如何，我们的行为和事业都受到了它很大的影响，而且我们的幸福也因此受到了损害。有很多具体的例子：从普通的奴颜婢膝、诚惶诚恐地考虑"别人会怎么说呢？"到极端的古罗马护民官维吉尼斯将剑刺入女儿的心脏。有的人为了死后的荣耀，不惜贡献出自己的财富、安宁、健康甚至生命。这一错误为统治者和驾驭者提供了一个很方便的统治方法。因此，培养和强化荣誉感在各种训练人的方法中都是最重要的。然而，对于我们的幸福而言——这是我们的目的所在——荣誉感却有着完全不同的位置。相反，我要提醒的是，不要把他人对自己的看法看得过于重要。但是，从日常经验来看，大部分人还是将他人对自己的看法当作最重要的事，他们对他人看法的关注程度甚至超过了对存在于自己头脑意识中，所有与自己切身相关的事的关注程度。这样一来，自然的秩序就被他们颠倒了，他们存在的现实部分好像变成了他人的看法，而自身存在的理念部分则成了自己意识中的内在内容；他们将派生的和次要的东西当成了首要的东西。比起自己的本质存在，他们更看重的是自己在他人眼中的形象。人们用虚荣来称呼这种把非直接为我们所存在的东西当作直接存在并过分看重的行为，体现出这种愿望和努力本质上的虚无和空洞。而且从上述讨论可以得出：这种虚荣是为了手段而忘了目的，它的性质与贪婪相同。

实际上，我们对他人看法的重视程度和我们对此的担忧程度，通常来说都超过了合理的范围，甚至可以把它看作一种广泛流行的，或者更准确来说，是一种人类天生具有的疯狂。不管我们要做什么事还是不做什么事，第一个要考虑的就是他人的看法。通过仔细观察可以发现，我们所感受到的担心和害怕大部分都来源于这类忧虑。我们脆弱的自尊心——因为它敏感得接近病态——所有虚荣、自负、炫耀、铺排都以之为基础。当我们不再担忧和期待他人的看法，绝大部分奢侈和排场都会立刻消失。各种各样的荣誉和自豪感，虽然有着不同的内容和范围，但基础都是他人的看法。为了这些东西，人们牺牲了多少啊！荣誉感在童年时代就开始显现了；随后在青年时代和中年时代，名誉和自豪感变得更加重要；到了老年时期，对于这方面的渴求却更加强烈，这是因为老年时期，感官享乐已经很薄弱，虚荣和骄傲就和贪婪一起占据了主要位置。法国人身上的虚荣心表现得十分明显，这是因为法国人的虚荣心有着特殊的地域特点，往往会发展成夸张的野心、滑稽的民族自豪感和不知羞耻的自我吹嘘。但是，这么做反而适得其反，法国人因此成为其他民族取笑的对象，被戏称为"伟大的民族"。我在这里举一个很有代表性的例子，来说明重视他人的看法这一行为的本质是不正常的。在这个例子中，合适的人物与当时的情况相结合，是反映这种来源于人性的愚蠢的绝佳例子，因为从中可以了解到这种反常而独特的行为动机的强度。下文摘自《泰晤士报》1846 年 3 月 31 日的一篇报道，这篇报道是关于手工制作学徒托马斯·韦斯的，他因报复并谋杀了自己的师父，被执行死刑："执行死刑的那天早晨，监狱牧师很早就来了，准备为犯人提供服务。韦斯很安静，他对牧师的劝告毫不关心，而他关心的唯一一件事就是要在那些亲眼看到自己可耻的生命结束的人群面前，鼓起勇气，表现得勇敢。他成功地完成了这件事。当韦斯穿过院子走向监狱中搭起的绞刑架时，他大声说——为了让周围的人听到：'啊！就像多德博士说的那样，我马上就能够知道那个伟大的秘密了！'他的肩膀被绑着，但是不需要别人搀扶就登上了绞刑架的梯子。然后，他站在梯子上向四周观望的人鞠躬。观望的人们看到他的行为，立刻发出热烈的赞扬声。"这个例子十分绝妙：一个人马上就要奔赴令人恐怖的死亡，死后就是没有尽头的永恒。然而，在最后这一时刻，他所关心的除了要给那群看热闹的乌合之众留一个好印象之外，别无其他。同一年，一位法国伯爵因试图谋害国王而被判处死刑。接受审判时，他却担心出现在元老院时能不能衣着体面。执行死刑的时候，他在担心允不允许他刮胡子。过去情况也是如此，从马迪奥·阿莱曼①的著名小说《古斯曼·德·阿尔法拉契》的引言中可以看出来。此书的引言向我们说明：很多迷茫的罪犯都用本应用来为自己的灵魂获得救赎的最后时间来起草和背诵简短的演说辞——他们计划站在绞刑架下面进行演说。我们可以在这些极端的例子中看到自己的影子，因为越极端的事情越能更清楚地说明道理。大部分情况下，我们的担忧、烦扰、辛苦、愤怒和恐惧都与他人对我们的看法脱不了干系。这些与上述那些可怜的罪犯的行为一样毫无道理可言。我们的忌妒和憎恶的来源也是一样的。

显然，想要增加我们的幸福——它的基础是我们安宁、满足的内心——最好的方法就是限制和减弱这种冲动。我们应该

---

① 马迪奥·阿莱曼（1547—约1614）：西班牙小说家。

将它限制在一个理性的、合理的程度——可能只是现有程度的五十分之一。如果能做到这样的话，就等于一劳永逸地拔出了这支令我们疼痛的荆棘。然而，人们却很难做到这一点：因为这来自于我们天生具有的反常本性。"智者们直到最后才会放弃名声"——塔西佗①这样说（《历史》第4，6）。避免这种普遍的愚蠢行为的唯一方法，就是明确知道此行为的愚蠢。为此，我们应当明白：人们头脑中大多数的看法和见解都是虚假、离谱、不分是非的。所以，我们完全不必在意这些看法。而且大部分情况下，我们并不会真正受到他人看法的影响。再说，他人的意见通常都是比较刺耳的，如果一个人听到别人背后对他的议论，以及议论时的语气的话，肯定会大发雷霆。最后，我们应该明白：哪怕是名誉本身，也只有间接价值而没有直接价值。一旦我们杜绝了这种普通的愚蠢行为，那么我们内心的安宁和快乐就会大大增加。而且，我们的言行举止和心态都会更加自信、诚恳、实在、真实和自然。隐居之所以对我们获得内心的宁静有很大帮助，主要是因为我们远离了他人的目光。这样一来，我们就不用随时随地担心他人对我们会怎么看，我们因此能够回到真正的自我。而且，这样可以使我们避

---

① 塔西佗（约55—约120）：古罗马历史学家。

免很多真正的不幸；因为对纯观念性的东西——更准确地说是他人的愚不可及的看法——的追求会为我们带来不幸。这样我们就可以对自己拥有的那些切实的好处给予更多的关注，并且免除一切干扰地享受它们。然而，就像这句希腊文所说："越高贵的东西越难以达到。"

此处所讨论的根植于人类本性的愚蠢，产生出了三条分枝：好胜、虚荣和骄傲。虚荣和骄傲之间的区别在于：骄傲是相信自己在某方面拥有独特的价值，而虚荣则是让他人相信自己在某方面拥有独特的价值；通常而言，与虚荣同时存在的还有这样一种隐含的愿望：通过让别人相信来使自己获得这样的信心。所以，骄傲是产生于内部的，直接的自我尊重；而虚荣则是从外部、间接地为了获得这自我尊重的努力。因此，虚荣的人喜欢夸夸其谈，而骄傲的人则信奉沉默是金。然而，虚荣的人要明白的是：如果他保持沉默而不是夸夸其谈——无论他说出的话语多么美妙动听——反而会更容易从他人那里得到自己渴望的良好评价。每个人不是想要骄傲就能骄傲的，他最多只能摆出骄傲的架势而已。然而，就像所有扮演虚假角色的人一样，他很快就会原形毕露。这是因为，只有一个人对自己卓越的优点的价值有着由内而发的、坚定的、不容动摇的信心，才会有真正的骄傲。哪怕他的信心是虚假的，或者这一信心只是来源于表面的空泛的优点，但对于他的骄傲来说，这信心是非常重要的，如果这信心真正存在的话。由于骄傲以信心为基础，所以与所有知识一样，骄傲并不存在于我们的主观随意之中。虚荣是骄傲最大的敌人——即最大的障碍。虚荣就是努力获得他人的赞扬，并且以此为基础确立良好的自我评价，但骄傲的条件却是已经拥有坚定的良好自我评价。

　　人们通常会诋毁和抨击骄傲，我猜想这些发出诋毁和抨击的人大多是自己没有什么可骄傲的人。任何人在面对大多数傲慢、无耻的人时，一定要把自己的优点铭记在心，不管是哪方面的优点。这是因为，如果一个人在与别人交往时，谦虚地隐藏自己的优点，对自己和他人一视同仁，那么别人也就会光明正大地认定他就是这样。我要特别向那些拥有最高级好处的人强调这一点，即那些拥有真正的个人的好处的人，因为这种好处不能像勋章和头衔那样通过时刻刺激感官而使别人记住。不然的话，就会出现"蠢猪反过来教育智慧女神"的情况。有一句伟大的阿拉伯谚语："和奴隶开玩笑，奴隶就会不尊重你。"而且不要忘记贺拉斯所说的："你要迫使自己接受应有的骄傲。"蠢笨的人最智慧的发明就是这句话——谦虚是一种美德；因为按照这种观点，每个人都要把自己表现成傻瓜，从而很巧妙地使所有人都降低到了同一个水平。这样一来，好像世界上只有傻瓜，而没有其他人了。

　　民族自豪感是最廉价的骄傲。具有民族自豪感的人显示出这样的事实：他缺少个人的、值得骄傲的素质。假如并非如此的话，他也不会因为那些上百万人共同拥有的东西而骄傲了。那些具有突出的个人素质的人能够更清楚地认识到自己民族的缺点，因为每时每刻都能看到这些缺点。但是，如果一个可怜的傻瓜在世界上找不到任何能够引以为傲的东西，那么他就只剩下最后一招：为自己所属的民族而自豪。他从这一点得到了安慰，所以他对此充满感激，时刻准备着用自己的"牙齿和指甲"捍卫自己民族的所有缺点和愚蠢。德国人没有民族自豪感，这可以证明他们那值得称赞的诚实。然而，那些十分可笑地装作为德国民族而骄傲的人却是虚伪的——这类人主要包括"德意志兄弟"和民主党派。他们对德国人民阿谀奉承，从而使他们误入歧途。他们甚至声称火药是德国人发明的；我对此观点持反对意见。利希滕贝格①曾经发出这样的疑问："为什么很少有人假装是德国人？为什么如果一个人想抬高身价，通常会选择假装法国人或英国人？"再说，一个人所拥有的独特个性要比民族性优越得多，这种个人身上表现出来的独特个性应

---

① 利希滕贝格（1742—1799）：德国物理学家，讽刺作家。

该受到千倍于国民性的重视。由于国民性是关系到大多数人的，所以坦白来讲，它并没有什么东西值得赞扬。在任何国家都能在人们身上看到狭隘、卑劣和不正常，这就是所谓的国民性。当人们开始厌恶一个民族的国民性时，就开始称赞另一个民族的国民性，直到也感到厌恶为止。每个民族都嘲笑其他民族，他们的嘲笑都有道理。

此章中探讨的问题——我们在世界上也就是在他人眼中的表象——如上所述，包括名誉、地位和名声。

地　　位

普罗大众和菲利斯坦人十分看重地位和头衔；这两项在国家机器的运转中有着至关重要的作用。但是对于提升我们的幸福来说，只用几句话就能把它们说完。地位所拥有的是世俗的，亦即虚假的价值；它所起到的作用就是得到他人虚伪的尊敬，这根本就是为普罗大众而演出的闹剧。勋章就是一张能够支取他人看法的汇票；签发汇票的人的信誉决定了它的价值。颁发勋章可以代替金钱奖励，从而为国家节省财政开支，此外这种安排还是十分实用、妥当的——前提是能够公正、有选择地颁发勋章。普罗大众只长了眼睛和耳朵，此外没有别的东西。他们特别缺少判断力和记忆力。对于许多人们做出的成绩和贡献，他们完全不能理解，一部分成绩贡献可能当时他们能够理解并且为之喝彩，但不久之后，他们就会忘记。我认为以下这种做法非常合适：通过十字勋章或者星形勋章时刻向人们呼喊"佩戴勋章的人和你们不同，他们做出了成绩和贡献！"但是由于勋章颁发的过多，并且缺少思考，勋章的价值就降低了。所以，应该十分谨慎地颁发勋章，就像商人在汇票上签字一样。十字勋章上刻的"Pour le mérite"① 是一句多余的话。因为毋庸置疑，每个勋章都理应是对功绩的奖励。

名　　誉

对名誉的讨论要比对地位、头衔的讨论更为复杂和困难。我们要先给名誉下一个定义。如果我给出这样的定义：外在的良心就是名誉，而内在的名誉就是良心。这个说法可能会得到很多人的赞同。但是这种解释过于华而不实，不够清晰透彻。所以，我认为，从客观方面来讲，名誉就是他人对我们的价值的评价；从主观方面来讲，名誉就是我们对他人评价的忌惮。

---

① "Pour le mérite"：法语，意味"奖励功绩"。

因为名誉拥有这一主观特性，所以名誉通常会对注重名誉的人产生好的影响，当然绝不是纯道德方面的影响。

任何一个没有彻底堕落的人，都会有名誉感和耻辱感，都会珍惜前者。名誉感和耻辱感是这样产生的：单独的人就像被抛弃在荒岛上的鲁滨孙一样，能做的事情很少。而当他和其他人一起组成集体时，他才能有所作为。只有当一个人的意识发展了，才能意识到这一情况。这样一来，他就会产生被他人视为人类社会中的有用之人的愿望，希望被看作一个能够实践自己的男人角色的人，并因此获得分享社会带来的好处的资格。想要实现这一愿望，他首先要做的就是做好每个人都要做的事；然后，再完成人们要求和期待他所处的位置所能做好的事。不过，他很快就会发现问题的关键其实并不是他自己的看法，而是他人是否认为他是有用之人。由此，他就产生了获得他人对自己良好看法的热切愿望，以及他对他人看法的重视。这两样东西都来自人的这种内在感觉——人们所说的"名誉感"或者"耻辱感"，取决于不同情况。如果一个人认识到很快就要失去别人的良好评价，那么就算他确定自己是无辜的，或者他的过错并不大，但他还是会羞红脸，这就是名誉感或耻辱感导致的。反过来说，确定得到了他人的良好评价最能增强人生活的勇气，因为他人的良好评价对他承诺：人们会团结起来保护和帮助他，这种力量要比他个人的力量强大得多，他能够凭借这种力量来与生活中的艰难困苦做斗争。

人与人之间有着各种各样的关系，在这种关系网中，人必须得到他人的信任，也就是他人对自己的良好评价。各种各样的名誉就由此产生。人与人的关系首先是你与我的关系，然后是履行承诺的关系，最后是男女两性之间的关系。与之相对的就是公民名誉、公职名誉、男性和女性的名誉。每一类名誉又可以继续进行更详细的分类。

公 民 名 誉

公民名誉所涵盖的范围是最广的，它的前提条件是：每个人的权利都得到无条件的尊重，所以，不能使用非法或不公平的手段为自己谋取利益。这是人们和平相处的条件。如果我们的行为严重违反了前面所说的这一前提，并且因此受到惩罚——当然，必须是公正的惩罚——我们就失去了公民名誉。说到底，名誉来源于对这一点的确信：一个人的道德性格是固定不变的。因此，哪怕一次的恶行就能够确定地表示：如果再出现相同的情况，此人之后的行为都会具有相同的道德性质。英语中的 character（性格）一词可以证明这一点。character 也有名誉、名声之意。所以，名誉一旦失去就无法恢复，除非是由于误会导致的，比如他人的诽谤或者假象造成的误判。正因为如此，才设立了针对诬蔑、侮辱、诽谤的法律，因为谩骂侮辱并没有任何依据，只是轻率的不负责任的诬蔑。希腊人所说的"谩骂就是轻率的诽谤"正表达了这一含义——亦即，谩骂的内容都是空穴来风。当然，谩骂别人的人就说明自己拿不出他谩骂的对象的真实的过失；不然的话，他肯定会事先说明这些情况，然后自信满满地让他的听众去下结论。但他却没有这样做，他只给出结论，却没有提供前提。他只能找借口说这样做更加简便。确实，公民名誉中的"公民"指的是"中产阶级"，但是对于社会中的任何阶层，包括最高阶层，这种名誉都是同样适用的。公民名誉是非常严肃的，因此每个人都不能轻率地对待。无论一个人是谁，无论他从事什么工作，一旦他破坏了诚信，诚信就永远离开了他，他必然会自食其果。

某种层面上来讲，名誉与声望的区别在于，名誉带有否定意义，而声望则具有肯定意义。因为，名誉并不能说明他人认为某个人具有为他所独有的特别的品质；名誉只意味着：某人并不缺少每个人按道理都应该具有的品质。所以，名誉只能说明这个人不是特例。但声望却说明这个人是一个特例。声望需要争取才能得到，而名誉只需要保持就可以。据此而言，没有声望的人就是默默无闻的，这具有否定性；而没有名誉则是一种耻辱，具有肯定性。但是，我们不能把名誉的否定性和被动性搞混。反而，荣誉具有主动性；它完全来自人的主体，它所依据的是主体的行为，而非他人的行为和外在的遭遇，这就是斯多葛派所说的"依赖于我们之事"。真正的名誉与骑士名誉或虚假名誉之间就是通过这一点来区分的，下文中会对这一点进行阐释。从外部对荣誉进行攻击只能通过诋毁侮辱这种手段。应对这种攻击的唯一方法就是将诋毁内容和进行诋毁的人向大众公开。

对老年人的尊重是出自这一事实：虽然年轻人也被假定为预先拥有名誉，但是这种名誉是没有在实践中得到考验的；所以，年轻人的名誉相当于信用贷款。而老年人已经在一生中通过自己的行为证明了自己的名誉。仅凭年龄和经验这两点是不足以要求年轻人尊敬老年人的，因为动物也能够有很大年龄，甚至有的动物的寿命远超人类；而经验也只是更深入地了解事物的发展而已。然而，在世界所有地方，人们都要求年轻人尊重老年人。年纪大导致的衰弱要求的是人们照顾和体贴老人，而不是尊敬老人。但是应该注意到，人们对于白头发会有一种天生的、本能的尊敬。人衰老的更加明确的表现是皱纹，然而人们并不会对皱纹产生敬意。人们不会说皱纹令人肃然起敬，只会说白发令人肃然起敬。

名誉只有间接的价值，原因正如本章开篇所说过的那样，只有当他人对我们的看法之于他人对我们的行为有着决定性影响的时候——或者只是有时如此——他人的看法才有价值。然而，只要我们和其他人一起生活，他人对我们的行为就会受到他人对我们的看法的影响。在文明国家中，我们的财富和安全都要仰仗社会，不论我们做什么都需要他人的帮助；别人也只有在信任我们之后才会和我们交往。因此，他人对我们的看法虽然只有间接的而非直接的价值，但这价值却比较高。我不认为他人的看法有任何直接的价值。西塞罗的说法与我的观点相同，他说："克里斯波斯和第欧根尼这样谈论好名声：美名有其实用价值，但除此之外，不值得我们花费一点精力去追求。我对此完全同意。"此外，爱尔维修①也在他的巨著《论精神》中详细地阐述了这一真理，他认为："我们热衷于他人的尊敬的原因并不是这尊敬本身，而是这尊敬给我们带来的益处。"既然手段并没有目的重要，那么这句被人们过分宣扬的格言"名誉要重于生命"，实际上就如上所述，是名不副实的。

---

① 爱尔维修（1715—1771）：法国启蒙思想家、哲学家。

公 职 荣 誉

关于公民名誉就说这些。公职名誉就是人们通常认为：政府的公职人员确实具备所需素质，不论什么情况之下都能严格地履行公务职责。一个人在国家事务中的作用越重要，也就是说职位越高，影响越大，民众就越要求他具有与其职位相匹配的才智水平和道德素养。因此，官员所具有的荣誉级别更高，他的头衔和勋章，以及别人表现出的对他的尊敬都能体现出他的这种荣誉。按照这一标准，一个人拥有怎样的社会地位就决定了他拥有相应级别的荣誉，虽然民众缺乏判断社会地位的重要性的能力。正因如此，在显示荣誉方面地位的作用被低估了。然而，人们总是给予那些承担和履行非一般职责的人以更高的荣誉，而不是给予普通市民。后者的名誉的基础主要是那些构成名誉的否定性质。

公职荣誉还对担任公职的人提出了更进一步的要求，那就是要尊重他所担任的职位。这是因为要考虑他的同事和继任者。为了达到这一要求，他必须一丝不苟地履行自己的职责。此外，他不能放任那些针对其个人或其职务的攻击；也就是说，对于那些说他没有严格履行职责或其职务对大众福祉毫无益处等言论，他不能听之任之。反之，他一定要运用法律对这些攻击进行有力的反驳。

此外，以下几种人也拥有公职名誉：为国家服务的人、医生、公立学校的教师和毕业生，也就是说包括所有被官方认定具备从事某类精神思想方面的工作资格，同时自己也心甘情愿投身于此的人。总而言之，所有那些为公众利益服务的人都拥有公职荣誉。真正的军人荣誉也应包含在内，这是因为：每个自愿保家卫国的人实际上都拥有勇气、力量、坚韧等必备素质；而且，他发誓要以生命保卫国家，这世界上没有任何事物能够使他背弃自己曾宣誓效忠的旗帜。我在这里采用的公职荣誉的含义要比普通意义上的更为广泛；公职荣誉的普通含义只是公民对一般公职的尊敬。

性 别 名 誉

我认为，我们应该更详细地讨论性别名誉，并且对其原则进行深入的探究。这也可以证明：各种荣誉根本上都是出于实用利益的考虑。在本质上来讲，性别名誉又分为男性名誉和女性名誉；而且，从男女各方角度来看，这种名誉又可以理解为"团队精神"。然而，女性名誉要比男性名誉重要得多，因为对于女性来说，她们与异性之间的关系十分重要。所以，女性名誉就是人们认为：未婚女子还没有把自己献给任何男性；而成为妻子之后，她只能把自己献给丈夫。人们之所以有这样的认识，是因为以下这个道理：女性所需要和渴求的一切东西都希望从男性那里获得；而男性从女性那里主要并直接获得的只有一样东西。所以，男女双方必须这样安排：男方如果要从女方那里获取他所需的那样东西，就必须负担起女方的所有需要，包括两者结合生出的子女。女性的一切幸福都依赖于这种安排。为了保证这一安排能够落实，女性就必须团结在一起，体现"团队精神"。这样一来，女性就成了一个紧密团结在一起的整体，来对抗她们共同的敌人——男性，这是由于借助于天生的较为优越的身体和思想素质，世界上所有好处都被男性占据了。女性只有通过征服、俘虏、占有男性，才能够享有这些好处。为了达到这一目的，女性名誉就要遵循这样一条训诫：绝不能在婚姻关系以外与男性发生性行为。唯有这么做才能迫使男性与她们结婚——这是男性的投降；女性想要得到保障就必须这么做。想要完美地实现这一目的，女性就必须严格遵守上述训诫。因此，全体女性都密切关注其他女性成员是否严格遵守这条训诫，体现出一种真正的"团队精神"。所以，每个进行了婚姻关系以外的性行为的女性由于背叛了集体，而受到所有同性的排挤和驱逐，而且获得了耻辱的印记；这是因为如果这种行为成为普遍现象，那么女性的幸福就会被损害。这个女人从此丧失了名誉，没有任何其他女人会跟她交往，人们都像躲避一个散发臭味的人一样躲着她。如果一个女人与男人通奸，她也会落得同样的下场。因为这个女人背弃了与她丈夫签下的投降合约。由于此类事情的出现，男性有可能会害怕而拒绝签下这样的合约。而女性只有依赖于男性签订的合约才能得到解救。此外，由于女人的通奸行为是对自己承诺的粗暴破坏，而且带有欺骗性质，所以她所失去的不仅是女性名誉，还包括公民的名誉。所以，人们会用带有原谅意味的说法："一个失足女孩"，但却不会说"一个失足女人"。第一种情况下，诱奸者如果与女孩子结婚就能还给她清白；但是第二种情况下，就算通奸的女人离婚，那个与她通奸的男人也没办法使她重获清白。在清楚了这一点之后，我们就会明白女性名誉原则的基础就是一种有益和必需的集体精神，这种集体精神是通过精心算计、建立在实际利益之上的。从中我们能够了解到，对于女性的存在来说，这种女性名誉有着至关重要的作用。所以，这种名誉有着很大的相对价值，但却并非绝对价值；不是那种超越了生命及其目的，因此也必须用生命去获取的价值。所以，卢克利斯和维吉尼斯的那些夸张的、有着悲闹剧色彩的行为并不值得我们称赞。爱弥尼亚·加洛蒂的结局有些令人反感，所以观众离场时的心情都不太好。从另一角度来看，抛开女性名誉，《艾格蒙特》中的克拉森却令人同情。女性名誉的原则发展到极致就会像大多数情况一样，为了手段而忽略了目的。所以，夸大女性名誉也就是为其赋予一种绝对价值，但实际上与其他名誉相比，女性名誉更具有相对性。实际上，女性名誉的价值可以说只存在于习俗的常规意义之上。在托马修斯的《论情妇》一书中可以看到类似的观点：过去几乎所有时代、所有国家，直到马丁·路德的宗教改革以前，纳妾都是合法的。小妾由于这一法律而能够维持自己的名誉；更不用说古巴比伦的米利泰庙了。当然，在一些国家，特别是天主教国家，婚姻的外在形式是不可能的。在那些国家不存在离婚。我认为，对于统治者来说，拥有情妇要比与她们缔结不匹配的婚姻更符合道德。这是因为，这不匹配的婚姻所产生的子女，在合法继承人去世之后，会要求继承财产。所以，虽然可能性不大，但由于婚姻引起的内战总有可能发生。而且，这种不匹配的婚姻，亦即排除了所有外在情况而结的婚，本质上来说就是对女人和教士妥协的结果——而我们应该小心谨慎地尽量不要对这两种人做出让步。我们还应进一步地想到：国家中的每个男人都能娶自己心爱的女人为妻，只有一个人的这种自然权利被剥夺了。这个可怜虫就是国家的君主。他用来求婚的手是属于国家的，因为只能为了国家的目的而伸出去。再说，他也是一个希望能够随心所欲的凡人而已。所以，指责或者禁止君王拥有情妇，是不公正的、狭隘的，也是缺乏感恩的。当然，前提是这个情妇不能以任何形式影响国家的统治者。而这个情妇在遵守女性名誉方面，则是一个规则之外的人。因为她将自己给予了一个与她彼此相爱的男人，但这个男人却永远无法给她光明正大的婚姻。通常来讲，女性名誉所导致的许多流血事件——婴儿被杀、母亲自尽——都体现出女性名誉原则并非完全是天然的。当然，如果一个女孩子违反法律将自己给予了男人，那么就等于失信于整个女性性别的人，虽然这种信条是一种并没有经过庄严宣誓的不成文规定。通常来讲，这个女孩子的行为会直接损害自己的切身利益，所以，在这件事上与其说她卑劣，不如说她愚蠢。

从女性名誉引出了男性名誉。与女性相对立的男性的"团队精神"，要求男性在结婚之后，也就是签订了有利于对立一方的投降合约之后，要密切注意这一合约的执行情况，避免由于执行得松懈、不严格导致这一合约失去牢固性。既然男性已经把所有东西都贡献给了这一契约，他们就会努力保证自己能够达成这一交易的目的，也就是自己能够将这个女人独占。所以，男性之所以对自己的妻子破坏婚姻的作为非常愤怒，并且会通过离开她来给她最起码的惩罚，是由男性名誉要求的。如果他允许妻子在自己的眼皮子底下做出这种行为，他就会被男性社会打上耻辱之印。不过，与失去女性名誉的耻辱相比，这种耻辱并不是很严重。反之，这只不过是个小污点罢了，因为对男性来说，与他拥有的其他主要社会关系相比，与女性的关系的重要性较低。新时代的两个伟大的戏剧诗人都各有两部以男性名誉为主题的作品：莎士比亚的《奥赛罗》和《冬天的故事》以及卡尔德隆①的《医生的荣誉》和《秘密的侮辱、秘密的报复》。此外，根据男性名誉的要求，只需要惩罚女人，而不需要惩罚这个女人的奸夫。从中可以证明，男性的"团队精神"是男性名誉的来源。

到这里，我所讨论过的拥有各种形式和原则依据的名誉是在任何时代、任何民族都适用的，虽然已经证实在个别区域与时间段内，女性名誉的原则依据有过小规模改变。相较而言，有一种荣誉与上述普遍存在于各地的其他荣誉都完全不同。这种荣誉诞生于中世纪，只存在于基督教的欧洲。现在，只有在社会上层阶级及其攀附者们之间，这种荣誉才起作用，这就是

---

① 卡尔德隆（1600—1681）：西班牙剧作家。

骑士荣誉。这种荣誉的原则与我们上述讨论过的荣誉的原则完全不同，甚至相反——因为其他荣誉能够培养人的荣誉感，而这种荣誉则是让人们徒守荣誉的空名——因此，我在这里详细列举出骑士荣誉的原则，这些原则是骑士荣誉不成文的规定，也是这种荣誉的反映。

骑 士 荣 誉

1. 骑士荣誉并不在于他人对我们的价值的看法，而是只在于他人是否将他们的看法说出来。而这种评价是否发自内心，是否有依据都并不重要。所以，就算他人对我们的生活方式有不良看法，任他们如何瞧不起我们，只要他们不说出自己的看法，我们的荣誉就不会受到损害。反之，虽然我们凭借自己的品格和行为强使他人十分尊重我们（因为这并不是他人的主观随意能够决定的），但如果任何人——无论是多么卑劣、愚蠢的人——表达出他对我们的蔑视，那么我们的荣誉就受损了；如果我们不用任何行动来补救的话，这种荣誉就会永远离我们而去。这种荣誉完全只在于他人是否将他们的看法表达出来，而与他们如何看待我们毫无关系。有充足的证据可以证实我的观点，那就是人们可以收回自己的诽谤和侮辱性言语；如果有需要，他们还可以为自己说过的话道歉，这样一来就像什么都没有发生过一样。而人们是否改变了引起侮辱言语的看法，或者改变看法的原因是什么——对于这件事来说毫无意义。一旦公布之前的话语是无效的，那么一切都恢复了原状。所以，骑士荣誉的目的并不是正大光明地获得他人的尊重，而是用恐吓威胁来强取。

2. 骑士荣誉并不在于一个人的行为，而在于别人对他的行为。之前我们探讨的各种荣誉的原理，根本上在于我们的言论和行为，但骑士荣誉却相反：在于随便什么人说了什么和做了什么。骑士荣誉被别人的手，或者更确切地说，是被别人的口所掌控。荣誉在任何时候——只要有人随时抓住机会——都会消失无踪，除非被攻击的人通过以下方式夺回这一荣誉。但使用这种方法却有可能失去生命、健康、自由、财富和内心的安宁。从此可以得出：就算一个人大公无私、品行高贵、内心纯洁、头脑卓越，但只要随便什么人对他进行侮辱，他就随时可能失去荣誉。虽然这个对他进行侮辱的人只是一个低劣的恶棍，愚蠢的嚼舌根的人，无所事事的无赖，或者赌棍——总之，就是一个根本不配我们搭理和计较的人。但是，他在侮辱别人的时候，却不一定违反骑士荣誉的原则。通常来说，正是这种人最喜欢对他人进行中伤。就像塞尼加说过的："一个人越是卑劣、可笑，就越喜欢中伤他人。"这句话再正确不过了。这类人最容易被上文所述的那类人激怒，因为这两类人互相对立并且互相憎恨；此外，那些没有价值的人看到他人的优势时就会心怀恨意。所以，歌德曾说：

> 为何要抱怨你的敌人？
> 难道他们能和你做朋友？
> 你的本性，
> 就在永远地对他们进行指责。

卑劣的人应该对这种骑士原则心存感激！因为这一原则使他们和那些优秀的人被拉到了同一水平线。若非如此，他们在任何方面都无法与那些优秀的人相匹敌。如果有人对这些优秀的人进行污蔑，也就是给他们强加一些卑劣的品性，那么这种污蔑就成了一个有依据的、真实的客观评价，一个拥有确定效力的法令。实际上，除非被侮辱的人立刻用鲜血来消除这种侮辱，否则它就会永远真实有效。亦即，如果被侮辱的人对这种侮辱持容忍态度，那么被侮辱的人（被人们看作"荣誉之士"）就成为侮辱者（也许是一个最卑劣的人）所说的那样了。这样一来，他就会被"荣誉之士"所鄙视，人们像躲避瘟疫一样躲着他，比如有他出现的所有社交场合人们都会拒绝参加等。我自信可以清楚地找出这一观念的来源。从中世纪开始直到15世纪（根据 C. G. 冯·韦斯特的《德国刑罚、德国历史文集》），刑事诉讼在进行时，被告的罪责并不是由原告证明的，而是需要自证清白。自证的程序就是在通过他人的担保进行宣誓。因此他需要担保人，担保人必须发誓确保被告不会撒谎。如果被告找不到担保人，或者担保人不被原告承认的话，那么就只能让上帝来决断了。通常采取的都是用决斗方式。因为这种情况下被告是"带有耻辱之人"，必须洗刷自己身上的耻辱。我们可以从这里看到蒙受耻辱的概念以及决斗程序的来源。甚至在今天，"荣誉之士"之间还存在这样的事（除了不用宣誓）。这也就是"荣誉之士"为什么会对说谎的中伤十分愤慨，并且进行流血报复的原因。要知道谎言是每时每刻都很常见的事，所以这种反应不得不令人奇怪。然而，这种反应十分普遍且稳固，特别是在英格兰。实际上，如果一个人用死亡来威胁那些指责自己撒谎的人，就必须保证一辈子都没有说过谎。所以，中世纪的刑事诉讼的程序更加简洁，被告只需要对原告说："你在说谎。"然后就可以让上帝来决断了。记载中有一条骑士荣誉的规矩是这样的：必须使用武力来应对撒谎的指责。关于言语侮辱，我就谈这么多。但是，还有比这种侮辱严重得多的事，因为仅仅想到它就会让人毛骨悚然，就连提起它也要请所有信奉骑士荣誉的人加以原谅，它是世界上最恶劣的事，比死亡和诅咒还要可怕。那就是一个人抽另一个人嘴巴子，或者对他进行殴打。动手打人是十分可怕的，它会彻底毁掉被打之人的荣誉。用流血可以恢复其他破坏荣誉的行为，但是只有将对方杀死才能彻底恢复被动手打人毁掉的荣誉。

3. 骑士荣誉与一个人的自身或道德本性是否会改变等充满学究气的问题毫无关系。如果一个人的荣誉被破坏，或者暂时失去了荣誉，只要他立刻通过决斗这种屡试不爽的方法进行还击，就能立刻将荣誉完整地恢复。不过，要是冒犯的人并不信奉骑士荣誉，抑或他只是首次破坏他人的荣誉，那么就可以使用另外一种更加安全稳妥的方式进行还击。那就是在遭到冒犯的那一刻就击倒对方——前提是手边有武器可用，如果有必要，以后再击倒对方也无不可，在对方用动手攻击的方式冒犯他人荣誉的情况下更是如此。然而，就算对方只用言语冒犯了我们，也是一样的。荣誉只有通过这种方式的还击才能得到恢复。但是，如果人们因为不想招致不好的结果而不选择这种方式，或者不确定对方是否遵循骑士荣誉法则的话，那么还有更加巧妙的方式。那就是用更粗鲁的方式还击粗鲁的冒犯者；如果言语侮辱已经不起作用的话，就要出手还击，这是恢复荣誉的最极端的方法。所以，如果被人扇了耳光，就要举起棍子打回去；如果被人用棍子攻击，那就只能用打狗鞭作为回敬；至于对付打狗鞭，有人认为最绝的方法是向对方脸上啐一口。只有当这些方法都起不到作用时，才迫不得已使用流血的方法。下面的骑士荣誉的格言是使用这种解决方案的依据。

4. 受到他人的侮辱是一种耻辱，反之，使他人蒙受侮辱则是一种荣誉。假设我的对手本身享有真理、公正和理性，而我一旦用言语侮辱他，那么真理、公正和理性就立刻被我赶跑了，我便拥有了道理和荣誉。同时，对方则失去了荣誉，直到他用枪、剑，而不是公正和理性作为武器进行还击，才能恢复自己的荣誉。所以，在荣誉方面，粗野无礼要比所有个性品质有用得多，越粗野无礼反而越有道理。那么还要其他品质有什么用呢？就算一个人十分愚蠢、卑鄙、缺乏教养，但是通过粗野无礼的行为可以把一切都消除，使一切都变得合法合理。当我们进行讨论或者交谈时，如果某个人表现出来对谈论的话题有更清晰的认识，比我们更追求真理，有着更优秀的判断力和理解力；如果他表现出来的卓越的精神智慧远远地超过了我们——那么我们可以通过行动，将他的优势以及相比之下我们暴露出的劣势和不足一下子消除。我们甚至可能反过来变得比他优秀——只要我们粗野无礼地蛮干就能够做到这一点。蛮横无理要比思想上的交锋更有力，它使人的精神智力都失效。因此，如果我们的对手对我们网开一面，不用更加粗鲁的方式进行回击，并且进而展开高尚的决斗的话，我们就可以获胜，从而获得荣誉。真理、知识、思想、机智和理解力在有着君主般威力的野蛮无理面前，都被打得节节败退。因此，如果一个人发表了与众不同的观点，或者表现出更出色的智力，那么这些"荣誉之士"就会立刻上马征战；如果在针对某一问题进行争论时无力论辩的话，这些人就会开始使用粗鄙的言语——这种做法可以让他们取得胜利，而且，使用粗鄙言语也要更容易一些。这么一来，他们就胜利而归了。由此可以发现，人们对这种荣誉原则的称赞能够使社会格调更加高尚，他们再正确不过了。此条格言的依据是下文——它是全部荣誉规则的基础和灵魂。

5. 对于信奉骑士荣誉的人来说，判断争议双方哪一方占据公理的时候，所使用的最高裁判庭就是我们的身体力量，亦即动物性。任何粗鲁的行为都是从人的动物性产生的，因为做出粗鲁的行为就说明精神力量和道德争议的斗争已经解决不了问题了；于是用身体力量的交锋作为代替。富兰克林[①]认为人是"能够制造工具的动物"，因此，人会使用只有人才能制造的武

---

① 富兰克林（1706—1790）：美国政治家、科学家。

器来进行身体力量的斗争；亦即决斗。人们通过决斗可以得到板上钉钉的判决。众所周知，"荣誉之士"的基本格言可以表示为 Faustrecht "拳头公理"一词；与 Aberwitz 一词相似，这种表示方法也带有讽刺意义。因此，骑士荣誉也应该叫作"拳头的荣誉"。

6. 如果说公民荣誉要求人们对待个人与他人的关系时小心谨慎、诚实守信、履行义务；那么相较而言，我们在这里探讨的骑士荣誉原则，则要求人们在处理上述人际关系时表现出高贵的宽容。唯一不能打破的东西就是以荣誉为名发表的言论，亦即人们说出"以荣誉担保"之后做出的承诺。从这一点可以得出以下假设：所有其他承诺都不需要兑现。如果迫不得已，我们甚至可以背弃以荣誉为名许下的诺言。因为只要使用决斗这一屡试不爽的方法，就能使我们的荣誉得到恢复——决斗的对象就是那些坚称我们曾以荣誉之名做出承诺的人。此外，我们唯一必须偿还的债务就是赌债，所以赌债又叫作"荣誉债"。而对于其他债务，就算我们像犹太人和基督徒那样相互欺骗，也不会使我们的骑士荣誉受到丝毫损害。没有偏见的读者可以很轻易地看出，这种奇怪、野蛮、滑稽的荣誉规则并不是从人类天性中而来，也并非出自对人际关系的健康的理解。骑士荣誉发挥作用的地域非常有限这一事实可以证明这一点。亦即，它从中世纪才开始流行，并且只限于欧洲。就算在欧洲，也只有在贵族、军人和他们的效仿者中，骑士荣誉才能起作用。希腊人、罗马人甚至高度发达的亚细亚民族都对这种荣誉及其原则知之甚少。他们知道的只是我在前文中论述过的那些荣誉。所以，在这些民族中，人们通过一个人的行为来决定对他的看法，而不会被随便一个嚼舌根的人所影响。他们都承认这一点：一个人发出的言论和行为，只能使他自己的荣誉受损，而不会影响他人的荣誉。对于他们来说，被打了一个耳光就只是一个耳光罢了，还不如被一匹马或一头驴踢一脚危险。一个人被别人动手攻击之后有多愤怒，与当时的情况有关，而且很有可能当下立刻就进行反击。但这种行为与荣誉没有什么关联。人们肯定不会准备一个账本，记下自己受到别人的攻击或者他人辱骂的言辞，以及已经实施了报复的"满足"和还没有进行的报复。这些民族也有着丝毫不亚于欧洲基督徒的英雄气概和牺牲精神。希腊人和罗马人可以算作真正的英雄，但他们却毫不了解"骑士荣誉"。在他们看来，高贵的人是不会去决斗的，只有角斗士、被贩卖的奴隶和被判刑的罪犯才会去决斗——为了娱乐大众，他们轮番和野兽进行搏斗。基督教传入之后的基督教时代，角斗活动被禁止了，代替这种活动的是人与人之间的决斗，决斗的结果就被认定为上帝的旨意。如果说角斗表演是为了娱乐大众而做出的残忍牺牲，那后一种角斗就是大众的荒谬观点导致的残忍牺牲；但是后一种情况中牺牲的并不是罪犯、奴隶和囚徒，而是贵族和自由民。

很多流传下来的证据表明，古人完全没有与骑士荣誉有关的错误观点。比如，一个条顿族首领向马略①下达要求决斗的战书，但这位英雄却给他带话说："如果他（指这位首领）对生活感到厌烦，可以自缢结束生命。"当然，马略主动为这个首领提供了一个退役的角斗士，以便让他和角斗士进行搏斗。普鲁塔克②在书中写道，舰队统帅欧里比亚德斯和德谟斯托克利斯发生争执时举着棍子要打对方，但是后者并没有拔剑出来反抗，而是说："你可以打我，但要让我说完话。"雅典的士兵团并没有因此而宣布拒绝为德谟斯托克利斯效忠。信奉骑士荣誉的人读到这些会多么气愤啊！所以，一位当代法国作家说得对："对于认为德谟斯芬尼是信奉骑士荣誉的人这一说法，只能报以同情的笑容；同样，西塞罗也并不信奉这种荣誉。"（C. 杜郎，《文学之夜》1828，卷二）此外，柏拉图的书中对虐待的论述清晰地表明，对于这类事情，古人并没有骑士荣誉

---

① 马略（前159—前86）：古罗马政治家，统帅。
② 普鲁塔克（约46—约120）：古希腊传记作家。

的概念。苏格拉底由于喜欢跟人争论而常常被他人粗鲁对待，但他却毫不在意。有一次，有人踢了苏格拉底一脚，他却默默忍受了，别人都感到吃惊，他解释说："如果我被驴子踢了一脚，难道我也要生气并且报复它吗？"（狄奥根尼斯）另外一次，有人问苏格拉底："那个人难道没有羞辱你吗？"他答道："没有，因为他说的人并不是我。"斯托拜阿斯在《穆索尼斯》中写下了这样一大段文字，我们可以从中了解到古人对受到他人侮辱的看法。他们只知道通过法律来解决，并不知道还有其他的解决办法，聪明的人对使用这种解决方法甚至不屑一顾。如果古人脸上挨了别人一巴掌，只会通过法律途径维护自己的权益——柏拉图的《高尔吉亚篇》中可以找到证明。这一篇中还有苏格拉底关于这一点的见解。《吉里斯的报道》中也能看到类似的事实：有一个名叫卢西斯·维拉图斯的人，在并没有受到挑衅时竟然给了每个他碰到的罗马市民一个耳光。后来，为了避免事态扩大，他派一个奴隶拿着一袋金币走在前面，付给那些感到惊诧的人每人二十五阿斯的赔偿金。著名的犬儒学派大师克拉特斯就曾经被音乐家尼克德洛姆斯打过一个耳光，以致整张脸都被打得红肿了。克拉特斯就在额头上贴上一张字条，上面写着"这是尼克德洛姆斯干的好事"，以此来羞辱这位笛子演奏家，因为他竟胆敢粗野地对待这位受到整个雅典人神明般崇敬的人。在色诺彼的狄亚根尼斯写给梅里斯玻斯的一封信中，他说自己挨了一群喝醉的雅典青年的一顿鞭子，不过他并不太在乎。塞尼加在其著作《永恒的智慧》的第十章到结尾，详细论述了怎样应对他人侮辱的问题。他认为一个智慧的人不值得为这些东西花费精力。在第十四章中他这样写道："一个智慧的人受到攻击后要如何应对？卡图被人打了一个耳光之后，没有生气，没有报复，也没有表示原谅。他只说自己并没有被人打过。"

你们会说："可是这些人是智慧之人啊！"——这么说你们是愚蠢之人吗？

确实是这样。从此可以得出，古人完全不懂得什么骑士荣誉原则。原因是在各个方面，古人都遵循自然，他们对待任何事情都没有偏见。对于这些丑陋、不祥、无可救药的东西，他们不会轻易相信。被人打了一个耳光对他们来说就只是一个耳光而已，会对身体造成很小的损害，他们不会认为它是除此之外的什么东西。但是，当代人却认为被别人打了一巴掌是天大的灾祸，严重到可以作为悲剧的主题，高乃依的《熙德》就是一个例子。最近还有一部展现市民生活的德国悲剧《环境的力量》，但其实《谬见的力量》这个名字才更合适。如果一个人在巴黎国民议会厅中被打了一巴掌，那么这件事就会传遍整个欧洲。那些骑士荣誉的信奉者督导我引用的那些过去的经典事例时，一定会感到气愤不已。针对这种情况，我建议这些人去读一下狄德罗的著名作品《命运主义者雅克》中德格朗先生的故事。这本书是描写严格遵守现代骑士荣誉相关内容的杰出作品。这本书一定会受到他们的喜爱，并给他们以启发。

综上所述，我们可以看清楚这一点：骑士荣誉的原则缺乏独特见解，也并非以人性为基础，只是人为创立的。它产生的根源很容易就能找到，它是特定时代的产物。那是一个用拳头多于头脑的时代，是一个理性被教士禁锢起来的时代。因此可以说，它产生于被歌颂的中世纪以及当时的骑士制度。在那个时代，上帝不仅要负责关爱众人，还要为他们做出判决。所以，难以解决的法律案件就通过仲裁法庭，或者通过上帝的决断来解决。这种情况差不多最后都变成了决斗。并非只有骑士之间才会进行决斗，市民也会决斗。莎士比亚的《亨利六世》（第二部第二幕第二景）中的例子就十分合适。就算法律进行了审判之后还可以上诉要求进行决斗——这是由上帝来审判的更高级的法庭，从而理性的法官位置就被身体的灵活性和力量，亦即动物本性所取代。这种做出判决的根据不是一个人的行为，而是他运气导致的结果——这符合如今仍在起作用的骑士荣誉原则。如果有人质疑决斗的这种根源，那么可以去读读

J. G. 梅林根所写的出色的《决斗的历史》（1849）。实际上，时至今日在那些信奉这种荣誉原则的人中——通常是一些受教育水平较低、缺乏深思熟虑的人——的确还有一部分人认为决斗的结果就是上帝对他们的争端进行的判决。毫无疑问，这种观点是从传统中延续下来的。

骑士荣誉便来源于此。另外，它有着使用身体力量威胁强迫他人在表面上显示尊重的倾向；人们认为真的去努力赢得他人最终是费力不讨好的事。那些信奉骑士荣誉的人就好像用手捏住温度计上的水银球，以为水银柱上升就说明房间变暖和了。通过深入考察就会明白这一问题的关键在于，公民名誉的目的是与他人之间建立和睦的社交关系，其内容是他人对我们行为的评价；因为我们对他人的权利有着绝对的尊重，所以我们完全值得信赖。但骑士荣誉的根据却是：他人认为我们会绝对地、无条件地捍卫我们的权利，所以我们是让人害怕的。这条原则——让人害怕比获得信任更重要——本来并没有太大问题，因为如果我们是在自然状态下生存的话，人人都必须保护和捍卫自己的安全和权利，在这种情况下，人类的正义是不足为信的。但是，在文明时代，保护我们人身和财产安全的义务落到了国家手中，这样一来，上述原则就失效了。就和坐落在别致的农庄、繁华的公路以及铁路之间的城堡和瞭望塔一样，它也成为拳头即公理的时代的无用的遗存。严格遵守这条原则的骑士荣誉处理的只是人们那些不严重的越轨行为——国家只对这些行为的处罚较轻，或者根据"不重要的事情法律不管"这一原则，干脆不予理会。因为这些侮辱都无伤大雅，或者根本是开玩笑而已。但是骑士荣誉却将这些事情看得非常重要，人的价值被夸大到了与人的本性、构造和命运都不相符的程度，被提高到了神圣不可侵犯的地位。于是，人们会认为国家对那些轻微越轨行为的惩罚是不够的；被冒犯的人就要自己对冒犯者进行惩罚，并且以对方的身体性命为目标。显然，这一情况的根源在于人的极度自大和使人厌恶的盛气凌人——完全忘记了人的本质。骑士荣誉要求人们一点错误都不能犯，同时也一点伤害都不能接受。如果有人要用武力践行这一观点，并且宣称："但凡侮辱或者打我的人必须死。"那他倒是应该遭到国家驱逐。各种各样的借口都被用来美化这种妄自尊大。如果两个不畏惧死亡的人狭路相逢，那么就会从轻轻地推搡发展到互相谩骂，接着拳脚相加，最后以其中一方受到致命袭击而告终。实际上，还不如略过中间环节，直接动用武器更能保存面子。具体而微的程序演变成了一套僵硬、死板的规章制度，这是世人用严肃、认真的态度演出的闹剧，是崇拜愚昧的表现。然而，骑士荣誉的根本原则却是不正确的。两个同样不惧怕任何事情的人在面对其他并不重要的事情时，其中更聪明的那个人会进行让步，同意保留相互之间的分歧。这一点可以从那些不信奉骑士荣誉原则的普通人，或许其他各个阶层的人的所作所为中得到印证。他们会自然而然地解决争执和摩擦。与可能只占社会总人口四分之一的严守骑士荣誉原则的阶层相比，在上述这些人中发生致命攻击的概率要少一百倍，甚至很少发生打架。可能有人会说：优良的礼仪和行为习惯本质上是以骑士荣誉的原则及其引出的决斗为基础的，因为这是用来抵挡人们野蛮行径和恶劣举动的有力武器。然而，在雅典、哥林斯、罗马都有着很好的甚至是出色的社交环境，以及得体的行为举止和优雅的礼仪风度，而这些都与骑士荣誉毫无瓜葛。当然，古代的社交场合中，女人并没有重要地位，就像我们现在一样。现在的情形使人们的谈话中轻浮、幼稚的成分增多，而较为严肃、有分量的话题却减少了；这在很大程度上导致我们的上流社会把个人勇气看得比其他品质更重。然而，个人勇气只是行伍军人的品质，实质上是次一级的。甚至连动物在个人勇气方面都要比我们强，比如人们说"像狮子一样勇敢"。与前面这种情况相反，骑士荣誉的原则为大事上的欺骗和卑鄙行为，以及小事上的粗鲁、无礼和草率的行为提供了保护。原因在于，由于人们不愿意冒着生命危险对他人进行批评，所以对那些野蛮行径不得不默默忍受。这一事实可以说明这一点：如果一个国家在政治和经济方面缺乏信誉的话，那么这个国家中的决斗在血腥和残酷程度上就会登峰造极。如果想了解这个国家民众之间的私下交往情况，可以问一问那些有切身经验的人。而确定无疑的是，这个国家缺乏礼貌和社交修养。

任何为骑士荣誉所找的借口都是不可靠的。但是，这种说法：就像一条狗受到另一条狗的吠叫时，便会回以吠叫，但是被人抚摸时，就会表现出亲热一样；人的本性就是在感受到敌意时用敌意加以回应，在受到他人的蔑视和憎恨时，内心感到难过和气愤——那么，这种说法还算不无道理。所以，西塞罗说："就算谦逊、善良的人也难以承受侮辱和恶意相待留下的痛苦。"不管在世界上的什么地方（除了某些教派的信奉者），人们都不会对他人的侮辱和拳脚听之任之。就算这样，人的天性决定了，我们做出的报复是与我们受到的冒犯相对应的，而不会太过激；更不会把那些诬蔑我们撒谎、愚蠢和怯懦的人置于死地。古老的德国格言"以匕首回应耳光"是令人厌恶的骑士观点的表现。我们之所以会对侮辱进行报复或惩罚，是因为我们感到愤怒，而非骑士荣誉所认为的那样，它影响到了我们的荣誉和道义。反之，这一点是肯定的：那些指责我们的言论能造成多大程度的伤害，取决于这些言论在多大程度上命中目标。以下事实可以证明这一点：如果对方说到了我们的痛处，就算是最轻微的暗示，它所带来的伤害都要比虽然严重，但缺乏事实依据的诬蔑要更大。因此，只要一个人知道他人对自己的指责根本毫无根据，那么他就会充满自信地忽视这一指责，他也应该这样做。但根据骑士荣誉的原则，我们却要把那些我们不应该承受的指责也承担下来，虽然这个指责对自己造不成任何伤害，但还是要进行血腥的报复。如果一个人对每一句冒犯自己的话都急于压制，害怕被别人听到，那么这个人的自我评价一定不太高。所以，在面对毁谤和侮辱时，一个真正有自尊的人会泰然处之；就算做不到这样，他也会用自己的智慧和修养来压制怒气从而保全脸面。让我们先摒除骑士原则的固有观点，也就是不再误以为对他人进行侮辱就能破坏对方的荣誉或者恢复自己的荣誉；同时，也不再用报复来发泄内心的愤怒，亦即用暴力反击自己受到的各种不公正的待遇和野蛮行径——因为这种反击会使此类行为变得合法，——如果真能如此，那么以下观念很快就会被普罗大众接受：在受到言语侮辱的情况下，弱势的一方就是优胜的一方。正如文圣佐·蒙蒂①所说：侮辱和诋毁的言语就像教堂的队列一样，总要回到它的

_____

① 文圣佐·蒙蒂（1754—1828）：意大利新古典派诗人。

出发点。这样一来，人们就不需要和现在一样必须对侮辱以牙还牙才能使自己保持正确了。这样一来，我们才能在交谈中运用思想和理解，而不是像现在这样首先要考虑我们的话有没有惹到那些狭隘、愚蠢的人。实际上，深刻理解力的存在本身就会使狭隘、愚蠢的人慌张不安，并且会导致有思想、有智慧的人与肤浅、狭隘、愚蠢的人之间发生一场全凭运气的搏斗。这样一来，人们在聚会时精神力量才能够重新占据它应得的优势。然而，现在优势却属于那些头脑简单、四肢发达，有勇无谋的人，虽然人们并不清楚这一事实。这样一来，杰出的人就不会因此而逃避社交活动了。这样的变化使真正的良好风气和出色的社交聚会成为可能。毋庸置疑，雅典、哥林斯和罗马就有过这样的聚会。色诺芬①的《会饮篇》可以为这一点提供证据。

但是，对骑士荣誉的辩护还有最后一个："上帝啊，如果真是这样的话，岂不是每个人都不能随意对别人动手了?"——我简单地回答一下：社会总人数的百分之九十九并不信奉骑士荣誉的人中会发生这种情况，但却不会有任何一个人因此而丧命。然而，在遵循骑士荣誉原则的人中，通常一次出手攻击都会导致生命危险。对于这一问题我还要深入地讨

---

① 色诺芬（约前430—约前355或354）：古希腊历史学家，作家。

论。为了解释认为被别人打一个耳光是极其可怕的这一观点，这一观点是人类社会中一部分人所深信不疑的，我曾尝试在人类的动物性或者理性中寻找一些扎实可靠的，或起码说得过去的理由，一些能够被提炼为清晰的概念的理由，而不仅仅是花哨的语言。但是我却失败了。打人一个耳光只不过是，而且永远都是人与人之间的肉体伤害，它能说明动手的一方有着更强健的体魄或者更灵敏的动作，抑或被打的人当时疏忽大意了，并不能表示任何其他东西。对打人耳光这种行为分析不出更多内容了。那些认为被人打一个巴掌是再悲惨不过的骑士，其实遭到过他的马比这记耳光厉害十倍的踢踹。但是，就算他被踢得疼痛不堪，也会强忍着告诉别人没什么事。那么，我想原因就在于人的手了。然而，骑士在战斗中被人手中拿着的剑和刀击打，他却也宣称这没有什么，无须挂齿。我们又听说，被别人用棍子打要比被人用马刀的刃面拍打还要严重得多。所以，最近军校的学生宁愿接受马刀拍打的惩罚也不愿意接受棍打。如今，被马刀的刃面拍打从而获得骑士称号已经成为一项殊荣。通过对骑士荣誉的心理和道德来源的思考，我得出了以下结论：骑士荣誉的原则只不过是来源已久、难以撼动的错误见解罢了，是人类轻信特质的一个证明。此外，我的观点还可以从以下这一众所周知的事实得到证明：在中国，最常用的惩罚手段是用竹杖抽打，不论惩罚的对象是普通公民还是各级官员。这说明，在中国，类似于骑士荣誉的东西并没有受到人性的认同，要知道这种人性是可以经过高度文明教化的。只要公正地了解一下人类的本性，就会明白人们之间互相打斗是再正常不过的事，就像野兽之间互相撕咬以及长角动物用角来互相冲撞一样；人只不过是会使用鞭子打斗的动物而已。所以，偶然发生的一个人用嘴咬了别人的事情会使我们吃惊，而相较之下，拳脚相加的打斗则是最最自然的事。显然，我们可以通过提高自我修养，进行自我克制的方法来避免打斗行为的发生。但是，只要一个国家或者仅仅某一阶层的人认为：被别人打了一个耳光就是非常悲惨的事，那么必然会导致相互之间发生置人于死地的打斗。这种事情是悲惨而丧失人性的。世界上已经有许多真实的灾祸了，不需要再增加那些虚假的灾祸了，因为这会招致真正的灾祸。但那些愚蠢而阴险的迷信①正在使这种情况发生。鉴于这种情况，我们对政府和立法机关为这种行为扫清道路的做法表示抗议——他们积极制定规则，禁止民间和军队进行体罚。他们以为这样做对大众有益，然而却事与愿违。这样做只会使那反人性的、无药可救的愚昧更加严重。因

---

① 即指骑士荣誉。

为这愚昧的人们已经牺牲了太多。最严重的罪行之外的一般违法行为，人们最先想到的惩罚就是痛打一顿罪犯。所以，这种处罚是符合自然的。如果一个人不接受理智的话，就不得不接受棍棒。要是一个人没有钱可以用来交罚金，而且剥夺他的自由也没有什么好处——因为人们需要他进行工作——那么对他进行一定程度的体罚就是非常明智而合理的。除了"人的尊严和价值"之类的说法之外，我们没有理由对此加以反对。但是这种说法的基础并非清晰的概念，而是前文中所说的那种有害的错误见解——这是问题的根源所在。以下这个滑稽的例子可以证明这一点：近期，许多国家的军队中都用睡板条床取代了鞭子抽打作为惩罚，虽然两者都会带来身体上的痛苦，但人们认为前者不会使受惩罚者的名誉和人格受到损害。

人们对这种错误观点的鼓励，助长了骑士荣誉的气焰，并且促进了决斗行为的发生。同时，人们又尝试用法律来制止决斗，或者看起来是这样。于是就产生了这样的结果：拳头即正义的观念从最野蛮的中世纪遗存到了19世纪。这真可谓是社会公众的耻辱。现在是时候对它进行一番羞辱然后摒弃了。如今斗狗已经被禁止（最起码此类娱乐在英国会受到处罚），但人们违背意志相互斗争，想要夺取对方的性命，这一切的罪魁祸首就是荒谬的原则以及那些思想偏激、狭隘的为这一原则进行宣传、铺路的拥护者。他们迫使人们因为一些细小的纠纷，就要进行角斗士一般的搏斗。所以，我要给德语语言学提一个建议：应该用 baiting① 一词取代 duell②。后者的字源可能并不是拉丁语 duellam，而是西班牙语中的 duelo，有痛苦、艰难之意。一本正经地进行愚蠢的决斗行为，不仅仅使人发笑而已。荒谬的骑士荣誉原则，在一个国家中又建立了一个独立王国，这个独立王国唯一承认的就是拳头即公理；它设立了一个神圣的宗教审判庭，严格遵循骑士荣誉的各阶层的人屈服在其淫威之下受虐；任何人都可能因为一些不足挂齿的小事被他人挑衅，而不得不受到生死判决。所有这一切都使人愤怒。当然，恶棍们却受到了保护和遮掩——只要他们遵守骑士荣誉原则；那些高贵、出色的人可以任由他们威胁，甚至清除。直到今天，恶棍们出于对警察和法律的忌惮，已经不可能在大街上喊叫："要钱还是要命？"与此相同，我们健康的理智也不应该允许我们的平静被恶棍打破，允许他们冲着我们大喊："要荣誉还是要性命？"上流阶层的人应该卸下负担，不要听任他人的摆布，牺牲自己的身体和性命去为别人的粗野、愚蠢或者恶毒

① 即决斗。
② 英文，意为"猎杀"。

埋单。两个涉世未深的年轻人之间一言不合就会头脑发热，大打出手，付出鲜血、健康，甚至生命的代价。这既让人恐惧，也让人羞耻。很多情况下，受辱者被损害的荣誉是无法恢复的，原因在于他们与冒犯者之间的地位相差很大，抑或冒犯者拥有某些特殊的地方，这样一来他们就只能绝望地自我了结，获得一个既悲哀又可笑的结局。由此可以看出，暴虐以及骑士荣誉这一谬见在中国的势力有多么强大。一旦事情发展到互相矛盾的极端，那么也就开始展现出虚假和荒谬了。以下这个明显的二律背反就是很好的例子：官员不允许参加决斗，但是如果他拒绝了他人提出的决斗请求，他又会被解除职务以作为对他的惩罚。

我要很不客气地继续谈论这个话题。只要我们公正地、清晰地看待这个问题，我们就会明白，是手持同样的武器，通过公开公正的搏斗杀死对方，还是从暗中偷袭而成功——这两者之间所具有的差别的根源，以及这种差别受到人们重视的根源，实际上都在于以下事实：如上所述，在这个国中之国里面，强者的权力，也就是拳头即公理是受到人们承认的，它被认为是上帝的判决，并且被当作骑士荣誉原则的基础。通过公平的斗争将敌人杀死，所能证明的只有我们身体强健，或者战斗技巧更高超，此外什么都不能证明。通过公开的搏斗将对手杀死就占据了道义，是以这一点为前提的：强力就是真正的公理。然而实际上，假如我的对手不懂如何防卫的话，这并不是我杀死他的正当理由，而只是使我有可能杀死他。与之相反，只有我想要杀死他的动机才是我杀死他在道义上的理由。如果我有十分合理的道义上的理由杀死我的对手，那么完全不应该由我在射击或者剑术上的技术是否比对方更强来决定我是否杀死他。反之，不论我采取什么样的方式杀死他，是正面攻击还是背后偷袭，结果都没有什么区别。要是想卑鄙地谋杀他人，就应该利用诡计。从道德层面来讲，强力即公理并没有比诡计即公理更有说服力。对于我们现在讨论的事情来说，这两者都是一样的。值得注意的是，无论是强力还是诡计，在决斗中都起作用，因为击剑中的花招都很阴损。如果我认为在道义上理应杀死一个人，那么让杀死他这件事取决于我们双方哪一个更擅长射击或击剑，是非常愚蠢的；因为这样一来，对方很有可能反过来伤害到我，甚至杀死我。卢梭①认为，对他人的侮辱进行报复不应该采用决斗的方法，而应该进行暗杀。他在《爱弥儿》第四部中十分神秘的第二十一条注释中谨慎地暗暗表露了这一观点。但是，在骑士荣誉的深刻影响之下，他竟然认为要是有人指责自己说谎，那么暗杀对方就是完全正当、合理

---

① 卢梭（1712—1778）：法国启蒙思想家、哲学家、教育学家、文学家。

的。但是，卢梭应该明白的是：任何一个人都说过无数次谎，都理应受到这样的指责，卢梭本人更加是这样。如果一个人使用同样的武器与对手进行公正公开的搏斗，那么杀死对方就是合理合法的——这种谬见遵循的就是强力即公理的看法，这种搏斗就被认为是上帝做出的决断。相较而言，一个愤怒的意大利人一看见自己的仇人，就会毫不犹豫地上前用匕首攻击对方。最起码这种行为是连贯的、符合自然的；这个人更聪明，但并不比参加决斗的人更卑劣。也许有人说：决斗的时候，我在杀死对手时，他也在试图杀死我，因此责任并不在我。对于这一点可以这样反驳，当我在向对方发出挑战时，就已经迫使对方不得不进行正当防卫了。决斗者只不过是用故意将对方置于这种境地的方法，为自己的谋杀行为寻找一个还算合理的借口罢了。如果双方都自愿使用决斗的方法来判定生死，那么就可以用咎由自取作为借口。针对这一点我们可以认定，受害方并非自愿，因为暴虐的骑士荣誉极其荒谬的原则就是杀人的刽子手。它将决斗双方，或至少其中的一人置于这充满鲜血的私自设立的法庭之中。

我对骑士荣誉的论述占了太多篇幅，但我也是出自好心，因为这个世界上只有哲学才拥有足够强大的力量去应对道德和智力范畴的庞然大物。新旧社会的区别体现在两种主要的东西上，并且使新社会处于下风，因为这两种东西使新社会中的人拥有了阴沉、严厉和不祥的气质。古时候的人可没有这样的毛病，那个时期就像生命中的清晨一样，自由自在，无忧无虑。这两种东西就是骑士荣誉和性病，这"高贵的一对"（贺拉斯语）。生命中的"辩论和爱情"就是被这两者共同毒害的。性病实际上产生的影响要比看上去更深远，因为不仅生理上受到了它的影响，而且道德上也同样受到了影响。既然丘比特射出的箭中还包括毒箭，那么男女两性之间的关系就加入了陌生的、充满敌意的，甚至魔鬼般的东西。这样一来，两性关系就变得阴暗和互不信任。今天，构成所有人类社会基础的关系产生了如此这般的变化，其他社会关系多多少少也会受到间接的影响。不过，如果深入讨论这个问题的话我们就偏题了。骑士荣誉产生的影响与性病的影响虽然具有不同性质，但也有相似之处。在骑士荣誉的影响之下，社会变得僵化、紧张和严肃，因为人们说话的时候都要事先仔细掂量一番。然而，这还不是全部！骑士荣誉原则是大众信仰的长着牛的脑袋和人的身体的弥诺佗①，每一年都有许多身份高贵的男子成为它的祭品。而且与过去只在欧洲某一国家发生不同，如今这种情况已经遍布

---

① 弥诺佗：希腊神话中牛首人身的怪物，吃人，生活在克里特岛的迷宫中。

全欧洲。所以，现在是时候勇敢地杀死这只鬼怪了，我现在就在做这件事。让这两只妖魔终结在 19 世纪的新时代吧！性病最终会被医生的预防药物成功治愈，我们要对此充满希望；而消除骑士荣誉的重任却落在了哲学家肩上，他们必须转变人们的错误观念，因为政府使用的法律武器如今已经失败了。而且只有哲学才能够撼动这种祸害的根基。如果政府真诚地进行铲除这一祸害的工作，只是由于能力不足才没有收到良好效果，那我建议政府订立一条法律，保证会大获成功。这种方法不会导致流血，也无须断头台、绞刑架和终身监禁作为辅助，它是非常简单的"顺势疗法"。如果有人对别人提出决斗，或者接受别人的决斗挑战，那么就让他公开在士兵长面前，像中国人那样接受十二杖的体罚；递送挑战书的人和决斗的公证人每人接受六杖的惩罚。至于决斗造成的后果，则按照一般的刑事诉讼法进行追责。一个骑士思想的追随者也许会这样反驳：很多"荣誉之士"在受到体罚之后就会开枪自杀。我对此的回答如下：这种愚人自杀总强过杀死别人。我知道政府实际上并没有真心诚意地去遏制决斗行为。政府官员，特别是普通官员（除了职位最高的官员之外）的收入要比他们的服务所应得的数目低很多。所以，荣誉就相当于他们的另一半收入。荣誉首先体现在头衔和勋章之上，其次社会阶层的荣誉则作为其更广泛的代表。对于社会阶层代表的荣誉来说，决斗是一个得力助手。所以，人们在大学中就受到了关于荣誉的初步训练。因此可以说，决斗中受害的一方实际上是用鲜血填补了工资收入的缺口。

民 族 荣 誉

我要稍微涉及一些民族荣誉来使我的论述更加完整。这种荣誉关涉到整个民族——这是人类社会的组成部分。只有力量才是民族荣誉方面的决断者，此外没有别的东西。所以，民族中的每一成员都要自觉捍卫自己民族的权利。因此，民族荣誉不仅仅在于别人确认这个民族是有信誉的，而且还要让他人知道：这个民族是让人害怕的。所以，民族荣誉绝不会放任外族侵犯本民族的利益。这样一来，民族荣誉实际上就是公民荣誉和骑士荣誉的结合。

名 声

我在人前所展现的表象——也就是人在别人眼中的形象——这一部分的最后提及了名声。在这里我们要继续对它进行研究。名声和名誉是一对双胞胎，但就如第奥斯科生下的双胞胎一般：一个（波鲁斯）拥有无尽的寿命，而另一个（卡斯图）却终会灭亡。名誉是会消亡的，而名声就是它长生不老的兄弟。当然，这里所指的名声是最高级别的真正的名声；因为有许多名声只是短暂的幻影罢了。名誉所包括的只是人们在相同情况下应当具有的素质，每个人都应该公开认为自己拥有这些素质。而与名声有关的素质，我们却不能强制每个人必须具备。名誉与他人对我们的了解有关，而且不会超过这一范围；但名声却相反，先于别人对我们的了解而存在；而且名誉也因此而抵达了名声涉及的范围之内。每个人都有名誉，但名声只属于少数特别的人，因为只有做出行动成绩，或者创作出思想作品的人才能够获得名声。这就是两种获取名声的方法。需要一颗伟大的心才能建功立业，需要一颗卓越的头脑才能够著书立说。这两种获得名声的方法都各有利弊，但两者之间的区别主要在于，事业会消逝，而作品却会流传千古。哪怕是最高贵的事业所产生的影响也只是短暂的，而天才的作品却会世代相传，给人带来教益和愉悦。事业只能在人的记忆中存在，而且除非这种事业被历史记录在案，像化石一样保存下来，要不然记忆就会不断地衰颓、演变，逐渐模糊直到消失。相较而言，作品本身就是永恒的，尤其是文学作品更能够流传久远。亚历山大大帝①只有名字和关于他的记忆流传到了现在，而柏拉图、亚里士多德、荷马、贺拉斯却仍然鲜活地存在，并且产生着直接的影响。《吠陀》②及其《奥义书》也依然存在。然而，对过去历代发生的事业功绩我们却已知之甚少。此外，行动业绩还有另一个缺陷，那就是对机会非常依赖。因为有了机会，才可能创造出行动业绩；这样一来，当时的情势，而非行动业绩自身的价值就决定了通过这一业绩所能取得的名声。因为，是在当时的情势之下，行动业绩才能突显其重要并且获得荣耀。除此之外，如果是个人行为方面的行动业绩，比如战功，那么就完全依赖于少数目击证人的证词；然而，并不是总有目击证人，而且他们有可能不那么公正，而是带有偏见。行动业绩的优势在于，它是实际事物，普罗大众有足够的能力对它进行评价。所以，一旦获得了关于行动业绩的确切信息，人们就会立刻对其进行公正的认定——除非行动业绩的动机是后来才被人们正确地认识和理解的，因为只有认识了行动业绩的动机才能理解它。而创作作品的情况却与之相反。作品仅需靠创作者本人进行创造，并不依赖于机会。只要作品继续存在，它所展现

---

① 亚历山大大帝（前356—前323）：马其顿国王。

② 《吠陀》：印度最古老的宗教文献和文学作品的总称。

出来的就是本身最初的样子。但是，评价作品是比较难的事。作品的层次越高，对它进行评价就越难。才华横溢、公正无私、诚实正直的评判者是很少见的。某一个评判或者一件事不足以对一部作品的名声盖棺定论。对作品的评价是一个不断上诉的过程。如前所述，行动业绩是它发生时的那代人通过记忆传递给后人的。而作品除非有部分残缺，不然就会以自身原本的样子传下来。因此，作品的面目不会被歪曲。而且，那些作品在创作和问世时的情势环境中所遭遇的不利影响会在流传的过程中消失。此外，时间还提供了一小部分具有真正实力的评判者。他们自己就是杰出的人才，现在他们是在对优秀程度超越了自己的作品进行评价。他们每个人给出的意见都是有一定分量的。当然，公正的评价结果有时候会经过很多时代才出现，但这一结论一旦出现以后就不会被推翻了。这种情况决定了作品带来的名声必然十分牢固。然而，作者自己是否能够亲见自己的作品获得承认，就要靠外在情势和运气了。级别越高、程度越深的作品，其作者就越少有这样的好运。塞尼加曾经这样谈论这一点，他认为，名声是随着成就而来的，但就像影子那样有时候在前面，有时候在后面。在说完这点之后，他又补充道："也许你的同时代人会因为忌妒而沉默不语，但是日后总会有人既无恶意也无奉承地做出评判。"顺便说一句，我们从中可以看出，塞尼加时代的那些无赖们就已经开始对成就进行压制了。他们的做法是：充满恶意地对他人做出的成就沉默不语，视而不见。他们用这样的方法使大众看不到优秀的东西，而对那些低级、拙劣的事物有好处。他们使用这种压制艺术的熟练程度一点都不比我们当代人差。他们和我们时代中的无赖们都因为忌妒而缄默。通常来讲，名声来得越晚，存在的时间就越长，因为所有杰出的事物都只能慢慢成熟。好名声就像一株逐渐长大的橡树一样流传千古。那种很轻易就获得，但十分短暂的名声，只是成长快速的一年生植物；而虚假的名声则是长势迅猛，但不久就是被铲除的杂草。这些都是由以下事实决定的：一个人越被其后代所推崇，也就是被全体人类所推崇，他在自己的时代中就越不被了解，因为他做出贡献并不是为了自己的时代，而是为了全人类。所以，他创作出的作品并不会局限于自己的时代。因此，这种情况时有发生：他在自己的时代中直到离去都默默无闻。而那些只为短暂一生中的具体事务和当下时刻服务的人——所以他们属于自己的时代，而且随着时代的结束而消亡——反而会受到同时代人的赞赏。从艺术史和文学史中我们可以看到：最高级的人类精神思想作品通常很难受到赏识，直到杰出的思想者出现才能结束这种局面——他们在这些作品的呼唤下使其重新获得了威望。这些作品在得到权威性之后便可以延续自己的威望了。这种情况出现的根本原因在于，每个人所能够理解与欣赏的只是符合自己本性的事物。一个愚笨的人只能理解愚笨的事物，一个庸俗的人只能欣赏庸俗的事物，一个头脑不清的人喜欢混乱模糊的事物，一个缺乏思想的人则喜欢胡言乱语。一个读者最能够欣赏的是与他本人气味相投的作品。所以，古老的、寓言式的人物伊壁查姆斯曾这样唱（我翻译的）：

> 我表达自己的观点，没有什么奇怪；
> 而他们自以为是，认为
> 只有自己值得称道。狗对于狗来说，
> 才是最美的动物。牛对于牛也一样，
> 猪对于猪，驴对于驴，都是一样。

哪怕用最强壮的手臂抛出一个很轻的东西，这个东西获得的力量也很难让它飞远，或者有力地击中目标。这个轻飘飘的物体很快就会落到地上，因为它本身缺乏能够接收外力的物质性的实体。如果只有弱小、愚笨的头脑来接收的话，那些伟大的思想和天才的巨作也会遇到相似的情况。比如，耶稣曾说："给一个笨蛋讲故事，就像和熟睡的人聊天一样。故事讲完以后他会问，你刚才说什么？"哈姆莱特则说："精妙的语言在愚人耳朵里打瞌睡。"歌德说：

> 最巧妙的语言，笨蛋听到后，
> 也会进行讽刺。

以及

> 你说的没有什么用，
> 人们都面目呆滞，无话可说，
> 保持好心情吧！
> 把石头扔进沼泽中？
> 是看不到涟漪的。

利希滕贝格曾说："当脑袋和一本书发生碰撞时，只发出了一声闷响，这声音难道只来自书本吗？"他还说："书本就像一面镜子，当猴子照镜子的时候，镜子中不会映出福音圣徒的形象。"确实，吉拉特神父曾经写出了令人回味无穷的优美感人的哀怨诗句：

通常，最好的礼物

最缺乏人们的称赞；

大多数世人，

把最坏的当成最好的。

到处都能看到这种糟糕的情形，

人们如何才能摆脱这种不幸呢？

对于是否能使我们世界中的这种不幸消失我深表

怀疑，

只有一种方法可以补救，但却异常困难：

必须使愚蠢的人获得智慧——但这是不可能的，

他们无法理解事物的价值。

他们只用自己的眼睛，而不是头脑做出判断，

他们对那些毫无价值的东西大加赞赏，

原因在于他们从来不懂什么才是好的。

  正是因为人们思想水平较低，所以就像歌德说的那样，杰出人才很少被人发现，至于被人承认和赞扬就更稀有了。除了缺乏智力以外，人们还具有道德上的劣根性，即忌妒。一个人获得名声之后，名声就会使他的地位高于别人，所以别人自然就被贬低了。因此，每个因为做出杰出成绩和伟大贡献的人获

得名声的代价，就是那些没有得到名声的人。

> 我们在给他人荣耀时，
> 也贬低了自己。

——歌德

这一点也让我们明白，为什么一旦有杰出的东西出现，不管它属于哪一类，都会有无数平庸之人对它进行攻击。这些人会联手阻止这个东西的出现；甚至尽可能地除掉它。这些人使用的暗号就是"打倒成就和贡献"。甚至那些由于自己的成绩已获得名声的人，对于别人获得新的名声也心有不平，因为担心自己的光芒被别人的名声所掩盖。所以，歌德写道：

> 如果我在获得生命之前，
> 有片刻犹豫，
> 这个世界上就没有我了。
> 如你们所见，
> 那些自高自大的人，为了自我吹嘘，
> 而忽视我的存在。

通常情况下，人们会公正地评价一个人的名誉，也不会因为忌妒而进行攻击，实际上每个人都预先拥有名誉；但只有与忌妒进行搏斗之后，才能获得名声，而且桂冠是被那些并不公正的评判者所构成的裁判所颁发的。人们可以而且情愿和他人一同拥有名誉，但一个人在得到名声之后却会对它进行贬低，或者阻挠他人也获得名声。此外，作品的读者群数目越小，通过这一作品获得名声的难度就越大，反之亦然。其中的原因很容易理解，创作娱乐大众的作品要比创作那些有教化意义的作品更容易获得名声。创作哲学作品是最难获得名声的，因为这些作品给人的教益并不确定，而且无法带来物质上的益处。因此，哲学著作的受众仅仅是同样从事哲学的同行业者。通过上述的困难可以看出，那些创作出值得赞誉的作品的作者，如果不是由于热爱自己的事业，并能够从写作中获得乐趣，而是为了获得名声而写作，那么人类就会失去，或者失去一大部分不朽的杰作。确实，想要创作出杰出的作品，而不是低级的作品，创作者就必须与大众及其代言人的评价作对。因此，以下观点十分正确——奥索里亚斯对这一观点特别强调——名声总是躲着追求它的人，而跟在对他不以为意的人身后。

所以，想要得到名声是非常难的，但维持名声却很简单。从这一点来说，名声和名誉正相反。名誉是每个人预先享有的，需要小心照管它。但一个人一旦行为不端，他就从此失去了名誉。相反，名声却不会消失，因为使一个人获得名声的功业或者作品永远都存在着，就算他不再创作新的东西，但却仍然享有名声。如果名声会逐渐变弱、消失，消逝在时代中，那么这名声就是名不副实的，只是暂时的过誉而已；或者，它就是黑格尔所获得的那类名声——利希腾贝格这样描述它："那些好友集团先共同对它进行宣扬，然后那些空洞的头脑对其进行回应……未来的某一边，后人面对那些华而不实的语言大厦，和过去的时髦以及僵尸的概念所留下的华丽的框架，他们在叩门时却发现一切都是空壳，里面甚至没有一丁点思想能够自信地喊出：请进——这多么让人耻笑啊！"（《杂作》4，15页）

名声是在一个特殊的地方建立起来的。所以，本质上来讲，名声是相较而言的，它的价值也是相对的。如果大众和获得名声的人变得一样，那么名声就消失了。只有那些无论何时何地其价值都不会消失——此处指的就是自身直接拥有的东西——所拥有的价值才是绝对的。所以，伟大的心灵和头脑具有的价值和幸福都在于其本身。价值并不在于名声，而在于使人获得名声的东西——那才是实在的，而名声只是在偶然和意外中得到的罢了。确实，名声只是外在显示而已，名人通过名声证明其高度的自我评价是正确无疑的。所以可以这样说：就像光不经过物体折射就无法被看见一样，一个人的卓越之处也只有通过得到名声才获得了合法性。然而，名声的外在显示并不永远有效，因为有时候可能会名不副实。此外，有一些人虽然做出了卓越的贡献，但却没有获得相应的名声。莱辛①说过一句很明智的话："一些人享有盛名，但另外一些人却应当享有盛名。"此外，如果一个人所具有的价值只能由他在别人眼中表现出的形象来决定的话，这种生存就太过于悲惨了。如果一个英雄或天才所具有的价值只是他所获得的名声的话，那么他的人生也的确很悲惨。但实际情况却并非如此。每个人都是按照自己的本性生活的，所以他首先是用自己的样子为了自己而生存。一个人的自身本性，无论是什么样的存在方式，对他来说都是最重要的。如果他的自身本性没有价值，那么他这个人就没有价值。相较而言，他在别人眼中呈现出的样子却并不那么重要，只是次要的细枝末节，它有很大的偶然性，对他本人产生的影响也只是间接的。此外，大众的头脑就好像是萧条、可怜的舞台，其中没有真正的幸福，只有虚幻不实的幸福。在名声殿堂中，有着各种各样的人：统帅、大臣、舞者、歌手、演员、富豪、庸医、犹太人、杂技演员等。没错，与那

---

① 莱辛（1729—1781）：德国启蒙思想家、剧作家、文艺理论家。

些杰出的精神思想素质——特别是较高级的——相比，这些人更容易受到人们发自内心的赞赏和尊敬。绝大多数人对于卓越的精神思想素质的尊敬只是随口说说罢了。用幸福学的眼光来看，名声只是满足我们的骄傲和虚荣心的罕见而昂贵的东西，此外并非其他。然而，大部分人有着过分的骄傲和虚荣心，虽然他们对此极力掩饰。也许那些理所应当获得名声的人才拥有最强烈的骄傲和虚荣心，在他们的并不太确定的意识中，他们认为自己拥有超过常人的价值。在能够证明自己的不凡价值并且得到承认的机会到来之前，他们必须经过漫长的、不确定的等待。他们认为自己受到了隐秘的不公正待遇。不过，就像我在本章开头说过的那样，通常人们过于看重他人对自己的看法，其重视程度是不合理也不合比例的。因此，霍布斯①的言论虽然过于激烈，但也许是对的："我们之所以感到高兴，是因为我们可以通过和别人比较而抬高自己。"从中可以看出，人们之所以如此重视名声的原因，而且为了获取名声而不惜付出一切代价：

　　名声（这是杰出的灵魂仅存的弱点）
　　使明白的头脑拒绝享乐，

---

①　霍布斯（1588—1679）：英国哲学家。

而过着艰苦辛劳的生活。

——弥尔顿①（卢西达斯），70

以及

傲慢的名声殿堂

在悬崖峭壁上熠熠发光，

人生的智慧想要登上去是如此艰难！

——贝蒂②（吟游诗人）

最后，我们也能发现，爱慕虚荣的国家喜欢经常念叨荣耀，并且毫不犹豫地把它当作动力来促使人们创造杰出的功业和伟大的作品。然而，这一点是毫无疑问的：名声只是次要的，只是成绩、贡献的表象和回音；而且值得称赞的事物比称赞本身的价值更高。因此，人们之所以感到幸福，不是因为名声，而是因为用来得到名声的事物；也就是因为那些成绩和贡献，或者更确切地说，人感到幸福的原因是创造出这些成绩和

---

① 弥尔顿（1608—1674）：英国诗人、争论家。著有长诗《失乐园》。
② 贝蒂（1735—1783）：英国诗人和随笔作家。

贡献的思想和能力，不论是智力方面的还是道德方面的。因为每个人为了自己都必须发挥自己最好的品质。他在别人眼中的形象，和别人对他的评价，都是次要的。所以，那些应该享有名声但又从未获得的人，实际上拥有的东西更加重要；这些实际拥有的东西足以填补他欠缺的东西。我们钦羡一个伟人的原因，并不在于他被那些因为缺少判断力而易受迷惑的民众当作伟人，而在于这个伟人本身名副其实。他最大的幸福并不是名传千古，而是他具有耐人寻味、值得永存的思想。他的幸福掌握在自己的手中，但是却没有掌握在"自己的手中"。从另一个角度来说，如果最重要的是别人的称赞，那么引起称赞的东西就没有称赞本身重要了。虚假的、名不副实的名声就是这样。这种虚假的名声给拥有它的人带来了好处，但实际上这个人并不具备他的名声所代表的东西。然而，虚假的名声也有缺陷。虽然这些人为了个人利益而自我欺骗，但是当他身居并不适合自己的高位时，就会感到眩晕；抑或，他也觉得自己就是一个假货。他们担心总有一天自己的面具会被人揭开，从而受到他应得的羞辱，特别是他们已经在有识之士的脸上看到了来自后人的判决。这些人就好像用伪造的遗嘱骗取了财产一样。那些最真实的，也就是身后得到的名声，是不会被名声的拥有者知道的，但他仍然被看作是幸运的。他之所以是幸运的，是因为他拥有可以从中得到名声的杰出素质，而且能够用适合自己的方法进行他心甘情愿地投入其中的事业，因为只有如此创作出的作品才能够流传后世。使他幸运的原因还有他拥有丰富而伟大的情感或精神世界，他的作品将它们记录保存了下来，并且得到了后人的称赞。此外，还有他的思想智慧。在未来的无限时间中，那些思想高贵的人们对研究他的思想智慧这件事乐此不疲。流传久远的名声的价值在于它是实至名归的，这也是这种名声所带来的唯一好处。而这种获得身后之名的作品是否能够得到作者同代人的赞叹则与环境和运气有关，但其实这无关紧要。一般来说，大众没有独立判断的能力，而且无法欣赏级别和难度较高的成就，因此总是屈从于权威。百分之九十九的高级别名声，都是完全以那些称赞者的诚信为基础的。所以，那些思想深沉的人并不看重同时代人热闹的赞扬声，因为他们听到的只是少数几个声音的回响。而且这少数几个声音也只是暂时的。假如一个小提琴手得知：他的听众大部分都是失聪的人，只有一两个例外，而这些聋子在看到那一两个例外的人鼓掌时，为了隐藏自己的缺陷便也跟着摆动双手，那么这个小提琴手是否还会因为听众的掌声而感到高兴呢？甚或当他得知，那几个领掌的人常常被花钱请去为可怜的小提琴演奏家鼓掌加油！从中可以看到，为什么一个时代中的名声极少能流传后世。因此，达兰贝尔①在描写文学殿堂的优美文字中这样写道："文学殿堂中有许多已经去世的人，他们在生前却没有进入这里；这个殿堂中也有少数仍然健在的人，但当他们死去之后就会被驱逐出去。"顺便说一句，在一个人还活着的时候就给他建纪念碑的行为说明：我们对后人会怎样评价他不太放心。但是，如果一个人在生前就获得了能够延续到身后的名声，那么这种情况绝大多数都发生在他的老年时代。就算有例外也多见于艺术家和文学家中，而绝少出现在哲学家中。通过那些以著作闻名的人的肖像就能够证明这一点，因为这些肖像大部分都是在其主人成名之后才准备的：这些肖像描绘的通常是作者满头华发的老年形象，哲学家更是如此。但是用幸福论的眼光来看，这是十分合理的。名声和青春加在一起对于我们这些凡人来说太过奢侈。在我们贫乏的生活中，应该感激生活的恩赐，分别享用它们。青春时期，我们拥有的财富已经够多了，并且能够带给我们快乐。年老时，所有的欢愉和快乐都像冬天的树木一样凋零了，这时名声就像冬青一样顺应时节抽枝发芽了。也可以将名声比作夏天成长，冬天供人享用的冬梨。

---

① 达兰贝尔（1717—1783）：法国数学家、物理学家、启蒙思想家及哲学家。《百科全书》的编纂者之一。

老年时代最好的安慰就是：我们把所有的青春都注入了自己的作品中，这些作品并不会跟我们一起衰老。

下面，我们深入探讨一下在与我们密切相关的学科中获得名声的方法，就能够得出以下规律。如果想在这些学科中展示智慧——它的标志就是这方面的名声——就必须将这些学科的资料重新组合。这些资料内容的性质有着较大差异，但是这些资料的知名度越高、越容易被接触到，那么整理和组合这些资料而得到的名声就越大。比如说，如果这些资料与数字或曲线有关，涉及一些物理学、动物学、植物学或解剖学方面的内容；或者这些资料是古代典籍的残篇，或缺少一部分的碑文、铭刻；或者这些材料与某一个模糊不清的历史阶段有关——这样的话，通过精确地整理和组合这些资料而获得的名声，只会在了解这些资料的人当中流传，仅限于这一范围。所以，这种名声只传播于数量不多的、通常过着隐居生活的人中。但是，如果研究的材料被大众所熟知，比如与人的理解力、情感的基本特征有关，或者涉及人们常见的各种自然力、大自然的进程，那么对这些资料进行全新的、具有重要意义的整理组合，并且使人们对这些事物有了更多的了解——这样的研究所取得的名声就会逐渐流传到整个文明世界。因为这些研究材料是每个人都能接触到的。因此，通常情况下，每个人都能对它们进行组合。所以，名声的大小与获得，是所要克服的困难的大小成正比。如果研究材料是为人熟知的，那么正确地对它们进行全新的组合就会更加困难，因为许多人已经在这方面下过功夫了，几乎所有新组合都被尝试过了。相较之下，对于那些很难掌握的、大众较少接触到的研究资料，我们找到新的组合的可能性就比较大。因此，只要一个人有着清晰而健康的理解力和判断力，在智力上又有一定优势的话，那么他在研究上述资料时就很可能会幸运地找到正确的全新组合。但是，通过这种方法得到的名声的传播范围多少取决于人们对这些资料的熟识程度。人们需要进行大量的研究工作才能够解决这类学科的难题——只是了解和掌握这些资料就必须如此。如果我们对那类能带来最深远、最显赫的名声的资料进行研究，那么很轻易就能获得相关素材。但是，在解决这类难题时越不需要花费苦力，就越要求研究者有较高的才能，甚至可以说只有天才才能够完成。对于创造价值和受人尊敬方面来说，埋头苦干与思想的天才是不可同日而语的。

从此可以得出，如果一个人觉得自己有着良好的理解力和判断力，但又不自信拥有最高的思想禀赋，那么就应该不拒绝从事烦琐、辛苦的考察和研究，因为只有通过这样的辛劳工作，他才有可能从经常与这些资料打交道的人中凸显出来，才能深入到只有勤勉博学的人才可能进入的偏僻领域。在这个领域中，竞争者少了很多，头脑稍微出色一些的人都能够很快找到对研究资料进行正确的全新组合的机会。这类人取得的成就甚至就是以他通过辛苦劳动获得的这些资料为基础的。然而，他因此获得的赞扬却不为大众所熟知——这些赞扬来自他的研究者同行，因为只有他们才对这一学科有所了解。如果按照我说的途径继续深入下去，最后就会因为已经很难发现新的材料，研究者不需要对材料进行组合，而是只要找到新材料就能获得名声。就好比探险家进入了一个荒无人烟的地方：他看到的而不是他所思考的就能够使他获得名声。这种获得名声的方法还有一个优势：自己看到的东西要比自己所思考的东西更容易传达给他人，也更容易被他人理解。因此，讲述所见所闻的著作要比表达思想的作品拥有更广泛的受众，因为就像阿斯姆斯所说：

　　一个人只要去旅行，

　　　就能讲故事。

　　然而，与此相符的是：在对这类名人有所认识和了解之后，就会让我们想到贺拉斯的话：

出国旅行的人改变的只是周围的天气环境罢了，他们的思想意识并没有任何改变。

而那些拥有极高的思想天赋的人，应该着力去解决重大的难题，也就是与这个世界的整体有关，因而也就是最困难的问题。因此，他们要使自己的视野尽可能地扩大，并且同时涉及多个领域，从而避免在某一个方向上过于深入而沉迷于某个过于专业、冷门的领域中。亦即不应该执着于某学科中的某个专门领域，更不应该去钻牛角尖。这样的人无须为了减少自己的竞争者而选择偏僻的学科。他可以选择那些人人都能看到的事物作为自己的研究对象。他可以对这些材料进行正确的真实的全新组合。这样一来，所有对这些材料有所了解的人都能够欣赏他所做出的成就，亦即获得大多数人的赞赏。文学家和哲学家得到的名声与物理学家、化学家、解剖学家、矿物学家、动物学家、语言学家、历史学家得到的名声之间之所以存在巨大差异的原因就在于此。

第五章
建 议 和 格 言

我并不打算在此处完整地讨论如何才能获得人生幸福，因为如果要这样做，我就不得不将历代的思想家——从泰奥尼斯、所罗门王一直到拉罗什福科的观点都重复一遍，这些观点中确实有一些至理名言。但是这样做的话，我就陷入了老生常谈。当然，如果不能够做到完整论述，也就无法对这些思想进行系统性的组织。虽然不够完整和系统，但是值得安慰的是如果追求这两者的话，我的论述就会变得过于复杂、冗长。我只把自己想到的，可能值得告诉读者的内容写下来；以及那些我所知道的还没有人谈到，或者不完全是别人谈到的思想，而且我如今的表达方式也和别人不一样。因此，我现在只是为这个已经有许多人做出建树的领域添砖加瓦而已。

关于这一问题的观点和建议多种多样。我将它们按照一定的顺序分为了四部分，第一部分是泛论；第二部分与我们对自己的态度有关；第三部分则是我们对他人的态度；第四部分则讨论对命运和世事的发展应该如何看待。

第一部分　泛论

第一节

亚里士多德在《伦理学》中无意提到了一个观点，我将它看作人生智慧的第一戒律，我将它翻译成了德语①："理性的人追求的并非快乐，而只是避免痛苦。"这句话包含了以下真理：一切快乐的本质都是具有否定性质的，而痛苦则有着肯定性质的本质。在我的《作为意志和表象的世界》一书中的第一卷第五十八章有关于这句话的详细解释和论证。我在这里用一个常见的事实帮助理解这一观点。如果我们意识不到自己身体整体

———

① 　原文为希腊语。

上的健康，而只是关注疼痛的伤口，那么我们就会因为这一小块伤口而失去了总体上的舒适感。与此相同，虽然各种事情的发展都合我们的意，但只要有一件事没有按照我们的意愿进行——哪怕是一件很小的事——这件不如意的事就会进入我们的意识；我们就会总是想这件事，而忽略了其他更重要的、遂了我们心意的事。在以上两个例子中，我们的意欲都受到了损害。第一个例子里的意欲客体化存在于人的机体中，第二个例子的意欲客体化则存在于人的渴望当中。从这两种情况都可以看出，意欲的满足总是否定的。我们并不能直接感受到意欲的满足，而只能通过反省、回顾的方式意识到它。然而，意欲受到的限制却是肯定的，所以这种情况会表现得很明显。每一种快乐其实都是意欲受到的限制被消除后，意欲得到解放而产生的。因此，任何快乐持续的时间都非常短。

上文所引用的亚里士多德的精妙观点正是源自这一道理。这条戒律告诉我们，不应该把生活的愉悦和快乐当成追求的目标；而是应该努力避开生活中各种各样的灾祸。如果这个途径是错的，那么伏尔泰的话也就没有道理了——他说："快乐只是一场梦，而痛苦却是真实的。"（1774 年 3 月 16 日给弗洛安侯爵的信），但实际上伏尔泰的话是非常正确的。所以，如果想要从幸福论的角度判断自己的一生是否幸福，就需要把曾经避开的灾祸，而不是享受的快乐列举出来。确实，幸福论最初就告诫我们，"幸福论"只不过是委婉的名称罢了；"幸福的生活"实际上应该解释为"避免了很多不幸的生活"，也就是可以勉强忍受的生活。的确，生活并不是用来享受的，而是需要忍受和克服的。各种语言的表达中都能找到对于这一点的证明，比如拉丁语的"degree vitam"、"vita defungi"（得过且过的生活，克服生活）；意大利语的"si scampa cosi"（把这些日子熬过去）；德语的"man muss suchen durchzukommen"（我们必须努力使生活顺利）和"er wird schon durch die welt kommen"（混日子）等等。进入老年之后，人终于可以抛开生活的重担，这确实值得欣慰。所以，一个人最幸运的就是一生中没有遭受过巨大的精神痛苦或肉体痛苦，而并非曾享受过多少强烈的快乐。在人生的幸福方面，后一个是错误的衡量标准。这是因为快乐的性质永远是否定的；快感能带给人幸福这一想法是错误的，而善妒的人就有这样的错误想法——这是对他们喜欢忌妒的惩罚。相较之下，痛苦的感受却是肯定的。因此，判断一个人的生活是否幸福，要看他缺乏痛苦的程度。如果完全没有痛苦，也并不无聊的话，就是世上真正的幸福，其他一切都是虚假的。我们从此可以得出结论：我们不应该为了获取快乐而以承受痛苦为代价，就连冒着这样的风险也不行，不然我们就是牺牲了肯定的、真实的东西而换取否定的，所以是虚幻的东西。如果我们反过来为了避免痛苦而以牺牲欢愉为代价的话，我们肯定能得到好处。这两种情况下，不管痛苦出现在快乐之后，还是领先快乐到来，实际上并不重要。如果人们尝试将痛苦的人生舞台转变成一个欢乐场，用寻欢作乐代替尽可能避免痛苦作为人生目标——正如很多人的做法一样——那就是非常荒谬的本末倒置的事。如果一个人目光阴沉地将这个世界看作一定意义上的地狱，并且费尽心力在其中建造一间隔绝烈焰的房间——那么他的错误并不算太荒唐和离谱。愚笨的人试图在生活中寻找快乐，最终却发现自己上当了；而智慧的人则想尽一切办法避免灾祸。如果智慧的人没能成功，只能说明他运气不好，却不能说明他愚蠢。只要他能够达到目的就不会觉得上当受骗，因为他所避开的灾祸是真实地存在于生活中的。哪怕一个智慧的人在躲避灾祸方面做得有些过头，没有必要地牺牲了许多生活中的快乐，但说到底他也并没有真的损失什么，因为所有的快乐都是虚假不实的。为了错过享受的机会而痛心，是非常肤浅、狭隘甚至可笑的。

我们之所以遭受很多不幸的原因就是没有认识到这一真理，乐观主义在这一方面要负一定的责任。我们没有感到痛苦的时候，欲望就会蠢蠢欲动，向我们展示出各种虚幻的快乐和享受；这些诱惑就像水中的影子一样让我们趋之若鹜。这样一来，我们就为自己招致了真实的、确定的痛苦。此时，我们就会为自己丧失了没有痛苦的状态而痛心疾首——这种状态就像被我们轻易抛弃的天堂一样，我们只能徒劳地希望一切都没有发生过，重新再来。仿佛总有一只恶魔用欲望的幻想诱惑我们抛弃无痛苦状态。实际上，真正的、最大的幸福就是没有痛苦的状态。不懂得深思熟虑的青年人认为这个世界的目的就是让人们追寻欢愉，在世界中存在真正的切实的幸福。他们以为之所以有人无法获得幸福，是因为他们在获取幸福方面不够聪明灵活。不论是小说、诗歌还是世上的普通人，都无时无刻不在为了面子而做出虚假行为，这些都使上述观点得到了加强。我接下来就会继续讨论这一观点。这一观点一旦形成，人生就成了对确定的幸福的有意识的追逐，而这种幸福也是由肯定的快乐和愉悦组成的。人们在这场追逐中不得不承担许多风险。通常情况下，这种对于虚幻事物的追逐最终都会招致切实的、肯定的不幸。各种不幸包括痛苦、疾病、烦躁、忧虑、损失、贫困和耻辱等。真相总是很晚到来。但是，如果人们按照上面所说的原则，将摆脱痛苦，也就是避免匮乏、疾病和各种不幸作为目标，那么这就是一个真实的目标，可能使我们得到好处；而且，对所谓确定的幸福的幻想的追求，给我们的生活带来的干扰越少，我们获得的益处就越多。歌德在《亲和力》中通过米特勒之口表达出的观点与我在这里所说的意思相同。米特勒总是为了他人的幸福而行事，他说："一个努力避免灾祸的人是有着明确目的的，而一个总希望获得优于自己所有的东西的人却是盲目的。"从这句话可以联想到一句优美的法国谚语：更好是好的敌人。确实，这一道理就是犬儒学派基本思想的来源。我在《作为意志和表象的世界》第二卷第十六章中已经对这一点进行了分析。犬儒学派之所以抛弃所有快乐，难道不是因为他们知道这些快乐多少都包含着痛苦吗？犬儒学派哲学家认为，获取快乐远没有避免痛苦重要。他们深切地懂得享受快乐是否定的，而痛苦是肯定的。所以，他们矢志不渝地努力避免灾祸，他们认为为了达到这一目的必须刻意抛弃所有快乐欢愉，因为他们明白欢乐中藏有害人的陷阱，它会使人们被痛苦奴役。

诚然，如席勒所说，我们都在阿卡甸高原①上诞生；亦即我们来到世上时都充满了对幸福和快乐的无限期望，而且愚蠢地希望这些期望都能够实现。然而，通常情况下命运的打击很快就会到来，它将我们一把抓住并教训我们：没有什么东西是

---

① 阿卡甸高原：比喻过着田园牧歌式生活的地方。

属于我们的，一切都掌握在命运的手中，它不但以无可争辩的权利掌握着我们的财产、妻儿，而且还掌握着我们的手脚、耳目、脸中间的鼻子。不论怎样，我们不需要太久就能够体会到，幸福和快乐只是清晨的薄雾，只能远观，一旦走近它就会消失。相较而言，痛苦和磨难则是具体而真实的。无须幻想和期待，我们就能直接感受到它们。如果我们得到的教训能够真正起作用的话，我们就会不再追逐幸福和欢愉，而把精力放在如何阻止痛苦、磨难的到来之上；我们就能够明白这个世界能够带来的最好的事物，就是一种没有痛苦的、安宁的因而可以勉强忍受的生存而已；我们必须控制自己对世界的期待和渴望，只有这样实现的可能性才更大。最可靠的避免不幸的方法就是不追求很幸福。歌德年轻时代的朋友梅克就明白这一点，他曾写道："我们对幸福过分的渴求毁了生活中的一切，我们渴望的程度就决定了毁坏的程度。如果一个人抛弃了过分的期待，在自己拥有的东西之外不再渴望更多，那么他就能平安顺利地生活下去。"（《梅克通讯录》）所以，我们应该将自己对快乐、财富、地位、荣誉等事物的渴望控制在一个合理范围内，因为巨大的不幸正是这些渴望及对它们的追逐导致的。因此，使我们的欲求降低是非常聪明而合理的，因为很容易就会遭受巨大的不幸；相较而言，非常幸福的生活不但很难获得，甚至可以说是不可能实现的。宣扬生活智慧的诗人十分在理地这样唱道：

　　一个人如果选择了金子般的中庸，

　　他就会远离寒酸的陋室，

　　也远离了令人艳羡的贵族宫殿。

　　风暴来临时，高大的松树会在风中摇摆，

　　高耸的石塔会坍塌，

　　最高的山峰会被雷电击中。

——贺拉斯

　　如果一个人完整地领受了我的哲学教诲，而且从中得知我们的全部存在实际上是有不如没有的东西，人最高的智慧就是对这一存在进行否定和抗拒，那么他就不会热切地期待任何事情和处境；对世间的一切都没有强烈的渴望，对于计划的落空和事业的失败也不会感到巨大的失落。反之，他会将柏拉图的教诲铭记在心，这教诲就是："没有任何人、任何事值得我们过分关心。"可以读一下安瓦里为《玫瑰园》写下的格言：

　　如果你失去一个世界，

不要感到悲伤，因为这并不重要；

如果你得到一个世界，

不要感到高兴，因为这并不重要；

痛苦、欢乐、获得、失去都是过眼云烟，

都会从这个世界消失，因为这些都不重要。

——安瓦里①《苏哈里》

　　人们之所以感到这种观点很难接受，正是因为前文所说的世人的虚假。我们应该从年轻时代就认识到这种虚伪。许多奢华和辉煌只是虚幻的外表，就像歌剧院中作为陪衬的装饰物，重要的内部却空无一物。比如说，那些悬挂着的三角旗帜、用花冠装饰的船只、华丽繁复的装饰、喝彩声和欢呼声、鼓角和礼炮的鸣响——这些都是体现人们欢乐的门面和幌子罢了，这些热闹的外表是快乐的象形文字。但实际上，在这种热闹的场合下却偏偏找不到快乐。在欢庆时刻，快乐是拒不出面的。它出现的时候往往是悄无声息、毫不声张地偷偷到来；它总在最平凡无奇的日常环境中出现，在那些显赫辉煌的场景中反而找不到它的身影。快乐就像澳大利亚的金砂一样，分散在各个地

---

　　①　安瓦里（约1126—1189）：波斯文学中最伟大的颂诗者之一。

方，没有什么规律可循，只能凭借偶然的机会寻得它的踪迹，而且每次只能找到一点点，因为它们很少会大量聚在一起。前面所提到的所有热闹和装饰都是幌子，是为了使人们头脑中产生快乐的假象，从而使人们相信在这里能够获得快乐。快乐如此，悲伤也是一样。那些行进缓慢的长长的送葬队伍是多么悲伤、悲戚啊，成行的马车望不到尽头。但其实里面都是空的！实际上死者都是由城里面的马车夫送到墓地的。这幅场景可以告诉我们世间的友谊和尊重到底是什么！那就是人世的虚伪和空洞。还有一个例子就是高朋满座、珠光宝气的盛大场合。乍一看上去，人们个个都满面笑容，沉浸在一片高贵的快乐气氛中，但一般来说，真正的客人是拘束、尴尬和无聊的。人们聚集的地方，就是无赖集合之所，虽然人们的胸前挂满了勋章。无论在什么地方，真正优秀的聚会肯定是规模很小的。热闹、隆重的欢乐场合大多内在空虚，总会出现不和谐的情况，因为这种狂欢氛围与我们充满匮乏和苦难的生活十分不协调。两者的反差更加清晰地说明了事情的真相。从表面上看来，这些喧哗的聚会能够起到一些效果，这也就是其目的所在。因此，尚福尔有过很精妙的言论："我们所谓的社交——聚会和沙龙——是一场可怜的、糟糕的戏剧；它无聊透顶、令人厌烦，只依靠机械、服饰和包装来硬撑。"与此相同，学士院和哲学教席总是在门外，好像是真理的代表；但实际上真理通常不在这些地方出现，而是现身他处。教堂的钟声、神父的装扮、虔诚的表情、滑稽的动作——这些都是外在的幌子，是虔诚的假面具。正因为如此，几乎世界上的所有东西都可以被看作是空的果核，果仁本身非常稀少，更不可能存在于果核之中。想要寻找它只能求诸其他地方，并且需要靠运气。

第二节

想要知道一个人幸福与否，我们不应该问他有什么值得高兴的乐事，而应该了解他有什么烦恼和忧心事；因为使他烦恼的事情越少、越不重要，那他就越会感到幸福，因为如果我们连非常微小的烦恼都能感觉到，说明我们的状态很舒适、安宁——身处不幸之中的人是无法体会到这些小事的。

我们要自我提醒不要对生活有过多要求，因为这种做法会扩大我们幸福所依赖的基础。基础越大，在其上建立起的幸福就越容易坍塌，因为遭遇变故的可能性增大了，随时随地都可能发生变故。幸福的基础与楼房建筑的基础正相反，不是越大越牢固。所以，最有效的远离巨大不幸的方法就是根据我们自身的能力和条件，尽量使自己对生活的要求降低。

第三节

通常情况下，人们最愚蠢的行为就是过分地为将来的生活做打算——不管是用什么样的方式做打算。为将来筹划第一个要保证的是能够长寿，但只有很少的人得享天年。就算一个人活到高龄，但与订立的计划相比，时间还是太短了，因为计划的实施过程总要比预计更花时间。此外，计划就像其他很多事情一样，会遇到很多阻碍，甚至很少能取得成功。最后，就算这些计划全部都实现了，我们却忘了时间给我们身体带来的变化。最初，我们没有想过我们的一生之中不可能始终保持创造的能力和享受的能力。所以，总是会发生这种情况：我们埋头苦干，等到目标终于实现的那天，却发现得到的结果已经与我们的需要不相符了；抑或我们日日为某一工作进行准备，但我们的精力都被这准备过程消耗光了，最后却无法开始计划中的工作。因此，我们经过多年奋斗拼搏，经历了千辛万苦，终于获得了财富，但此时，我们却已经丧失了享受这些财富的能力。我们实际上是为别人白忙了一场。或者，我们艰苦奋斗了很多年，终于如愿以偿获得了某一职位，但这时候我们的能力已经无法胜任这一职位了。类似这样的事情经常出现，这是因为我们追求的结果总是姗姗来迟。或者正相反，我们的工作开始得太晚了，也就是说我们的成就和贡献已经不符合当下时代的趣味了。新一代人逐渐成长，我们的成就不再使他们感兴趣；有些人通过捷径走到了我们之前，各种各样的情况还有很多。贺拉斯就曾经表达过这类观点：

为什么要消耗你的灵魂！
你制订的永恒的计划已经远超它的能力所及。

我们的思想之眼产生的无法避免的错觉是导致我们犯下这种惯常错误的根源。这种错觉使我们从人生的起点向前望去，生活仿佛无边无际，但当我们走到人生的终点回头凝望时，却发现生命异常短暂。诚然，这种错觉也有一定的好处：因为如果缺少这种错觉，人就很难创造出伟大的事情。

生活中会遭遇以下这样类似的情况：当旅行者走近景物进行观察时，看到的形状与他从远处所见的不一样；景物好像随着旅行者的走近改变了形状。我们的愿望就与此类似。我们最后获得的结果往往与最初追求的目标不一样——最终获得的结果甚至有可能比最开始追求的更好。还有一种情况，我们最初选用某种方法追求目标，但却没有成功，后来换了另外一种方法却达到了目标。此外，还经常发生这种情况：我们追求快乐、幸运和欢愉，但却收获了教训、思想和认识——之前那些短暂的、肤浅的好处被真实的、永恒的好处取代了。这是歌德的小说《威廉·迈斯特》的主要思想，它奠定了整部作品的基调。所以，这本小说是具有思想性的；也因为这样，它要比其他所有小说的级别更高，甚至比华尔特·司各特的作品级别更高，因为后者只具有伦理性，亦即只是单纯从意欲的角度对人性进行阐释。它也是《魔笛》[①]这部怪诞，却意蕴深远的象形文字般的作品的主旨所在。粗犷的音乐线条和舞台装饰将这一主旨象征性地表达了出来。这部歌剧如果以塔米诺想要占有塔米娜的愿望消退，而要求进入并最终进入智慧的殿堂来结尾的话，那么对这一主旨的表达就更加完美了。相较而言，帕帕坚诺——塔米诺必不可少的陪衬者——得到了他的帕帕坚娜却是合理的。杰出而高贵的人用不了多久就能领悟命运的教诲，对命运表示顺从并且充满感激之情。他们懂得：我从这个世界中所能得到的并非幸福，而只是教诲而已。所以，对于用希望换取思想和认识，他们已经习惯并且满足。最后，他们和诗人彼

---

① 《魔笛》：奥地利作曲家莫扎特创作的著名歌剧。

特拉克①一起这样说："我所能感觉到的快乐只有学问，此外别无其他。"哪怕他们也会在某种程度上追求欲望和渴望，受制于它们，但实际上只是逢场作戏的玩笑而已。实际上，他们内心深处真正渴求的只有思想教诲。他们由此获得了深沉的、智慧的、高贵的气质。从这一层面上来说，这与炼金术师的经历相似：在对金子的寻找过程中，他们却发现了火药、瓷器、医药，甚至大自然的规律。

第二部分　我们对待自己的态度

第四节

那些建筑物的修建工人并不知晓这栋建筑的整体规划；或者他们并不会时刻惦记着这一规划。与此相同，一个人在过生命中的每一天、每一小时的时候，也并不了解自己生命的整体进程和特征。如果一个人越是做出了独特、价值的修改，他就越需要时刻了解自己生命的总体进程和自我计划，这对他大有

---

① 彼特拉克（1304—1374）：意大利诗人，人文主义先驱之一。

神益。为了这一目标，他首先要做的就是"了解自己"①，也就是搞清楚自己第一重要的真正的意愿——对他的幸福来说这是十分重要的；接下来也要搞清楚第二重要和第三重要的东西。与此同时，他也需要大概清楚自己应该从事什么样的职业、需要扮演怎样的角色以及自己和世界的关系如何。对于一个拥有杰出个性的人来说，大致了解自己的生命计划，能够最有效地增加自己的勇气，鼓舞、激励自己开始行动，走上正确的道路。

就像当一个旅行者到达了一定的高度之后，才能回过头来完整、连贯地看到自己曾经走过的曲折道路，与此相同，只有我们已经度过了一定的生命时光，甚至在我们的生命快要结束的时候，才能将我们的所作所为，创造的功业或作品联系到一起，包括其中正确的因果关系，甚至这时才能懂得它们的价值。只要我们仍然身处其中，我们的行为就不得不遵循我们业已形成、无法改变的性格，并且受到动机的影响和自我能力的限制。因此，我们的行为始终是必然的，每时每刻我们所做的事情都是当下我们认为正确的合理的事。只有之后产生的结果才能让我们明白事情的真相；我们只有在整体回顾这件事时，

---

① 刻在狄菲的阿波罗神庙上的格言。

才能够清楚事情是什么样的，以及原因是什么。所以，当我们正埋首于伟大的事业或不朽的著作时，也许自己对这一点并没有清晰的认识，我们认为这些工作只是为了完成当时的目标和计划而已，它们是当时该做的合理的事。只有在把整个生命串联到一起的时候，我们的性格和能力才会将自己的本色展现出来。我们会发现：在遇到某件具体事情时，我们在自己的守护神的指引之下，从各种纷乱的岔路中选择出了那一条正确的路，仿佛灵感乍现一般。这种情况不仅存在于理论上，也存在于现实中。反过来，这一道理也适用于那些我们所做的没有价值的事和失败了的事。我们很少能当下就认识到此时此刻的重要性，而是要等到很久之后才能认识到。

第五节

人生的智慧至关重要的一点就是在着眼现在和放眼未来之间取得适当的平衡。只有这样，现在和未来才不会发生冲突。很多人对现在过于痴迷，他们通常知足常乐，随心所欲；有的人则过于担忧未来，他们小心翼翼，满面愁容。很少有人能够将两者之间的关系把握在一个恰当的尺度上。那些为了希望和未来而努力生活的人一直盯着前方，焦急地等待着即将到来的事情，好像未来的事才能使他得到真正的幸福。在这一过程中，他们对现在视而不见，毫不在意，任凭当前的时光匆匆溜走。虽然这些人看上去好像很精明，但实际上却和一种意大利的驴子差不多：人们在驴子的头上插一根棍子，棍子上系着一捆干草，这样就可以让驴子走得更快，因为驴子看到眼前的干草，总想走快一些去够到它。上面所说的那种人一辈子都在自欺欺人，因为直到生命结束，他们都只是活在暂时中罢了。我们既不应该总为将来考虑和打算，也不应该沉浸在对过去的回忆中。永远都要记住：现在才是唯一真实和确定的；相较而言，将来的发展总会与我们的预期有所出入，就连过去也和我们的记忆有所不同。总而言之，无论是将来还是过去，都没有看上去那么重要。相隔较远的距离，物体在视觉中就变小了，而在头脑和思想中却变大了。只有现在是真实的和确定的，现在的时间包含着现实的内容，我们的存在仅仅在这一时间。所以，我们应当快乐地迎接当下，有意识地去享受每一段没有直接烦恼和痛苦因而勉强可以忍受的短暂时光，亦即，不要因为以前的希望没有达成而导致现在的不快，也不要为了将来忧心而破坏了现在的心境。对过去的悔恨和对将来的担忧，让我们将现在的美好时光拒之门外，或者糟蹋了它，这是非常愚蠢的。某些特定时刻可以用来后悔过去和担忧未来，但当这种时刻过去之后，我们对待已经发生的事情就应该这样看待：

> 不管多么悲痛的事，我们都必须让过去的过去，也许很难做到，但我们必须控制自己顽劣的内心。
>
> ——荷马

而将来之事则

> 由上帝来安排。
>
> ——《伊利亚特》

我们应该

> 把每一天都看作一段特别的时光。
>
> ——塞尼加

值得我们担心的只有那些必然会发生的不幸——发生时间已经确定了的不幸。然而，这类不幸是非常少的，因为未来的不幸或者有很大可能发生，或者必然会发生，但发生的时间却是无法确定的。要是我们任凭自己被这两类不幸所控制，那我们就永无宁日了。为了使我们生活中的安宁不被并不一定会发生，或者不确定什么时候会发生的不幸破坏，我们必须习惯于认为第一种不幸永远不会发生，而第二种不幸短期内不会发生。

然而，担心害怕对我们安宁的干扰越少，这安宁就越容易受到愿望、意欲和期待的刺激。歌德那句美妙的诗"我从来不寄希望于任何事情"实际上是说：人只有摆脱了各种期望的可能性，回到赤裸、冰冷的存在本身，才能够体会到精神安宁，而这正是构成幸福的基础。一个人如果想要享受现在，以至享受整个人生，精神安宁是不可或缺的。为了达到这个目的，我们应该铭记今天只有一次，永远不能重来。然而我们却想象，今天又会在明天再现。实际上，明天是另外一天，也只出现一次。我们忽略了每一天都是生命中不可或缺的、无可取代的组成部分；而只是把一天当作生命的概念之下包含的东西，就像一个集合概念之下包含的单个事物一样。我们在遭受病痛、困顿时，每每想起以前未遭受疾病和苦痛的时光就会突然生出羡慕之情——那些美好的时光就像我们没有珍惜的朋友，就像已经失去的天堂。当我们健康、快乐时，就应该铭记这样的时刻，这会使我们对现在的好时光更加珍惜，更加懂得享受。但是，这些美好的日子总是被我们不经意地度过了，只有当不幸真的到来时，我们才会怀念和渴望那些逝去的美好时光。我们满脸愁容，很多快乐的日子还没有来得及细细地品味就过去了，直到后来生活变得艰难、愁苦的时候，我们才徒劳无功地悲叹那些消逝的好时光。我们不能这样做，而是应该对每一个能够忍受的现在倍加珍惜，包括那些我们忽略掉的最平淡的、任由它过去，甚至想要赶快打发的日子。我们时刻都不能忘记：这一刻的时光瞬间转变成了过去，从此，它就在我们的记忆中封存，闪耀着永恒的光芒。等到将来，特别是那些痛苦煎熬的日子来临时，我们的记忆之幕就会拉起：这一刻的时光就成了我们内心向往和怀念的对象。

第六节

一切局限和限制都对我们幸福的增加有好处。我们的目光所及、活动范围和接触的圈子越小，我们就越幸福；反之，我们就会感受到更多的焦虑和担忧。因为当范围扩大时，我们的意欲、恐惧和担忧也会增多。因此，就连盲人也没有他们表现出的那么不幸，他们脸上那柔和、近乎愉悦的宁静神情可以证明这一点。而且一定程度上因为这一规则，我们的后半生要比前半生更为痛苦悲惨。因为在我们的生命进程中，我们的社会关系和目标总是在不断地发展。儿童时期，我们只局限在周围的环境和有限的关系中。青年时期，我们的视野扩大了很多；成年时期，我们的视野扩展到了个人的整个生命历程，甚至最遥远的联系以及其他国家和民族；老年时期，我们的目光又投向了下一代人。所有局限和限制——甚至精神层面的——都对我们的幸福有所增益。这是因为我们的痛苦程度与意欲受到的刺激程度是成正比的。我们清楚，痛苦具有肯定性质，而幸福则具有纯粹否定的性质。我们意欲的内在动因可以通过限制活动范围来消除，而内在动因则可以通过精神上的制约来消除。然而，精神制约还有一样缺陷：它为许多无聊的人敞开了大门，而无聊会间接导致人们的痛苦。人们为了逃避无聊，使用了娱乐、社交、奢侈、赌博、酗酒等各种手段，然而人们从中获得的只有各种类型的懊恼、苦恼和破财。"人在无所事事时是很难保持平静的。"相较而言，对于幸福的提升来说，尽可能地从外在限制是很有帮助，甚至是必不可少的。以下这个例子可以作为对这一点的证明：田园诗歌——唯一将人的幸福作为描绘重点的诗歌——主要并且总是将那些在狭小的环境中过着朴素生活的人作为表现对象。我们之所以在欣赏那些风俗画时会感到快乐，也是因为这一点。所以，我们应该尽可能追求简单的关系，甚至单调的生活，只要不会导致无聊，就会对我们幸福感的提升大有好处，因为这样做就能让我们更少地感觉到生活，从而更少地感觉到生活的重负，因为它是生活的本质。这样一来，生活就会像一条不起波澜、没有涟漪的平静小溪一样流淌。

第七节

我们的意识内涵从根本上决定了我们感受到的是快乐还是痛苦。一般来说，对拥有思想能力的人来说，单纯的思想智力活动为他们带来的快乐要比现实生活更多；现实生活中的成败总是无法确定的，由此就导致内心的动摇和精神上的痛苦。诚然，必须具有杰出的精神能力才能够从事纯粹的精神活动。不过，需要注意，就像为外在生活奔忙会打扰我们的研究工作，剥夺精神生活必不可少的安宁和专注一样，长期进行精神活动也会反过来使我们应付嘈杂、繁复的现实生活的能力降低。所以，每隔一段时间，我们可以暂停精神生活，这对我们应对现实生活有所裨益。

第八节

　　想要深思熟虑地生活，而且通过生活经验获得教益，我们就必须经常反省自身，常常回顾那些做过的事和感受和体验到的东西；除此之外，还应该在我们以前对某件事的看法和现在的看法之间，过去制订的计划、追求和最后获得的结果、满足之间进行比较。这是为了得到人生经验而进行的反复练习。如果把一个人的生活经历比作一本书的正文，那么对生活经历的认识和品读则是正文的注释。如果一个人反省过多，经历却过少，那么就像两行正文之下加了四十行注释。如果一个人经历过多，而反省过少，也没有获得什么认识，那么就像比邦迪那版丛书一样——什么注释都没有，因此正文都难以理解。

　　毕达哥拉斯总结出来的规律与我此处的建议是一样的：每天晚上睡觉之前，每个人都应该对自己一天的行为逐一进行仔细的检查。一个人如果沉迷于世俗事物或放纵在感官享乐之中，只是随心所欲地生活，从不回顾已经过去的事，那么他对生活就没有详细、清楚的思考，他的感情是混乱的，思想也在某种程度上杂乱无章。这些可以从他说出的词句都是短小、零碎、突兀的这一点得到证明。一个人外在越是骚动、表现出的越多，他的内在精神活动越少，那么这种情况就会表现得更加明显。

需要指出的是，虽然一些事情和情境在当时对我们有影响，但很久以后，或者时过境迁之后，我们就再也想不起当时被这些事情和情境所激发出的情绪和感觉了；但是那些对这些事情和情境产生的看法和意见却记忆犹新。后者是当时的事情和情况的结果和表述，是对那些事情和情境进行测量的标准。所以，我们应该小心翼翼地将那些值得回味的时刻记录和保存下来。记日记会对此大有裨益。

第九节

幸福最重要的构成部分就是——能够自得其乐，认为自己已经拥有了世间的一切，并且可以这样说：我的拥有就在我自身。所以，亚里士多德说过一句耐人寻味的话：幸福属于容易满足的人（尚福尔也说过具有同样思想的妙语，我将它放在本书的开篇）。原因之一就是人确切把握依靠的只有自身，而不是他人；另一个原因则是人在社会中会遇到无数的不可避免的困难、不变、烦恼和危险。

用寻欢作乐的生活方式追求幸福是非常错误的，因为这样做是企图将悲惨的人生转变为连续的欢愉、快乐和享受。如果这样做，很快就会感受到幻灭；与此相伴的还有人们的互相欺骗。

互相迁就和忍让是社交生活对生活在其中的人群的首要要求；所以，聚会场合越盛大，就越容易变得无聊。一个人只有在独处时，他才能完全做自己。一个不喜欢独处的人，是对自由缺乏热爱的人，因为一个人只有独处时才能获得自由。社交聚会中的拘束、干扰无法避免。它要求人们做出牺牲，一个人的个性越是独特，让他做出这样的牺牲就越难。所以，一个人具备的自身价值决定了他是逃避独处还是喜欢独处。因为一个人在独处时，如果他是一个可怜的人，就会意识到自己的全部可怜之处；如果他具有丰富的思想，就能感受到自己思想的丰富性。总而言之，一个人只能感受到他自身。更进一步说，一个人孤单的程度与他在大自然中所处的级别位置是成正比的，这是根本的和必然的。如果一个人身体和精神的孤独程度相同，这对他来说反而更好。不然的话，经常与和自己不一样的人打交道会扰乱心智，并且丧失自我，而且他做出的牺牲无法得到任何补偿。大自然使人和人之间的道德和智力水平有着很大的差异，但是社会却看不到这些差异，用同样的方式对待每一个人。甚至，大自然赋予的差异被社会地位和等级造成的人为差异取而代之，这两者常常南辕北辙。由于社会生活的这种安排，一些被大自然薄待的人得到了良好的位置，而一些被大自然宠爱的人的位置却降低了。所以，后一种人总是拒绝出现在社交场合。任何社交场合一旦聚集了很多人，平庸就会占据了上风。拥有杰出才智的人之所以会被社交聚会伤害，原因就在于社交场合中每个人的权利都是一样的，因此人们对所有事情都提出了同等的要求，虽然他们之间存在着巨大的才智差异。于是就导致：人们都希望别人认为自己在社会上做出的成绩和贡献都是同等的。唯独一个人在精神思想方面的优势是不被所谓的上流社会所承认的，甚至会受到抵制，而其他方面的优势却会被承认。在社会的束缚之下，我们必须长久地忍受愚蠢、呆笨和反常，而具有卓越个性的人却要请求别人原谅自己；抑或，必须隐藏自己的不凡之处，因为卓越的精神思想的存在本身就使他人感到受到了冒犯，虽然这并非出自它的本意。所以，所谓的"上流"社会的社交活动，它的缺点并不仅仅是介绍给我们一些我们根本不会像喜欢和称赞的人，而且还不让我们以自己与生俱来的样子表现本色；反之，它迫使我们扭曲、萎缩自己而迎合他人。只有在由思想丰富的人组成的聚会中才能找到有深度的交谈和充满思想的话语。在平庸的社交场合中，充满思想的交谈是被厌恶的。因此，在这种聚会中必须把自己变得平庸和狭隘才能取悦他人。所以，我们不得不将大部分的自我都抛弃才能变得和其他人一样，并且与他们相投契。诚然，我们通过这样的牺牲获取了他人的好感。但一个人的价值越高，他这么做就越不值得，甚至是赔本的。我们的牺牲根本得不到他人的偿还；他们把无聊、烦闷、不快和自我否定都一股脑儿塞给我们，但却无力做出任何补偿。这就是大多数社交聚会的实质。而通过告别这种聚会换回独处，是一桩精明的买卖。此外，因为社交聚会中不欢迎真正的精神思想的优势，而且也确实少有，为了取代他，人们就把一种世俗的、虚假的、其建立原则非常随意的东西视为某种优势——它是高级社交圈子中流传深远的传统，像暗语一样可以任意更改。这就是所谓的时尚或时髦。但是，如果这种优势和人的真正优势相遇，它的弱点立刻就显现了出来。而且，"时髦出现时，常识就离开了"。

一般来说，一个人所能达到的最完美的和谐关系只能在自我中寻找，而并非在朋友或配偶之间，原因在于每个人都有不同的个性和脾气，这必定会造成不协调，哪怕是微小的不协调。所以，只有一个人在独处的时候才能感受到彻底的、真正的内心平和与安宁——这是世界上仅次于健康的恩赐；而只有深居简出才能长期保持这样的状态。所以，谁要是自身伟大而丰富，谁就能享受在这贫乏的世界上所能获得的最大的幸福。的确，我们可以下这样的结论：人们被友谊、爱情和荣誉紧密地联系在一起，但根本上人只能将希望寄予自身，或者最多寄予自己的孩子。在主观或者客观条件下，一个人越不需要和人们交往，他的生活就越幸福。虽然我们不能一下子感觉到孤独的缺点，但也可以看得清楚；相较而言，社交生活的缺点却隐藏得很深：娱乐、闲聊和其他社交乐趣都暗含巨大的、无法弥补的灾祸。青年人首先需要学习的就是忍受孤独，因为幸福和安乐就是从孤独中产生的。从此得出，处境最好的人就是那些只依赖自己，能从万物中感悟自身的人。因此，西塞罗曾说："如果一个人完全依赖自己，所有属于他的东西都存在于他自身，那么他不可能不幸福。"此外，一个人的自身越丰富，别人能够给予他的就贫乏。那些具有丰富的内在价值的人正是因为拥有这种自身充足的感觉，所以不愿意通过必要的、明显的牺牲而换取与他人的交往；让他们主动追求这种交往而否定自我更是不可能的。相较而言，那些平庸之辈由于自身内在贫乏，所以喜欢和他人交往并且迁就对方。原因在于比起让别人忍受他们来说，他们忍受别人要更容易。除此之外，这个世界上具有真正价值的东西往往会被人们忽视，而人们关注的东西通常没什么价值。上述事实可以从其产生的这个结果得到证明：任何一个杰出的、具有较高价值的人都宁可引退归隐。因此，如果一个具有自身价值的人，懂得尽可能将自己的需求缩小从而将自己的自由扩大并延续，尽可能减少与其他人打交道——因为生在世上是不可能完全不与其他人接触的，那么他就具备了真正的人生智慧。

由于人们无法忍受孤独——其实是在孤独中无法忍受自己，所以人们迫切地进行社会交往。人们内心的烦闷和空虚使他们热情地投身于社交和外出旅行中。他们的精神缺少弹性，无法自发活动；所以，他们就用喝酒来刺激精神，很多人因此成了酒鬼。与此相同，他们需要从外部获得不间断的刺激——或者更确切地说，只有与同类的交往才能使他们获得最强的刺激。如果这种刺激消失，他们的精神思想就会不堪重负，最后落得浑浑噩噩的悲惨下场。也可以这样说：这种人各自只具有一小部分的人性理念。所以，他们需要其他人进行填充，才能获得某种程度上的完整意识。相较而言，一个典型的完整的人是一个独立的统一体，而非这统一体中的一小部分。所以，这个人的自身是足够完备的。从这一角度看来，那些平庸之辈就像俄罗斯兽角乐器一样，每只兽角只能演奏一个音符，必须把需要的兽角组合在一起才能演奏乐曲。芸芸众生的精神气质十分单调、贫乏，就像这种只能演奏单音的兽角乐器一样。的确，很多人一生中只有某种固定不变的观点，此外他就无力产生其他想法了。从这一点可以明白，人为什么会如此无聊，以及他们为什么对社交那么充满热情，尤其喜欢群体性活动。这就是人类的群居特性。人们由于个性单调而无法忍受自己，"愚人为其愚蠢所累"。人们只有聚集在一起，才能够做成什么事。这与俄罗斯兽角乐器必须组合起来才能奏乐的道理相同。然而，一个思想丰富的人却好比一个能够独自演奏音乐的乐手；或者可以比作一架钢琴。钢琴自己就是一个小型乐队。与之相同，这样的人自己就是一个小型世界。与其他人需要互相补充不同，这类人自己的头脑意识本身就是一个统一体。与钢琴相同，它并非交响乐队中的组成部分，而更适合进行独奏。就算它需要和别人一起演奏，那它也像乐队中的钢琴一样演奏主音，或者为乐曲奠定基调，其他乐器则是伴奏。喜爱社交的人可以从我的比喻中得出这个结论：与之交往的对象如果质量不够，那么就需要用数量来进行弥补。一个具有思想的同伴就足够了，但是如果只能找到平庸的人的话，那么把这些人都凑成一定的数量也可以，因为这些人可以互相补充彼此之间的差异——还是可以用兽角乐器进行比喻——那么我们还是能够收获一些东西。愿上天赐予我们耐心！因为同样的原因，当更优秀的人为了一些高贵的理想而聚集在一起时，总会出现这样的情况：为数众多的内心贫乏而空虚的人之中——他们就像无所不在、遍布甚广的细菌一样，时刻准备抓住能够驱赶无聊的机会——总有一些人混入或者闯入这类团体中。不用多久，这个团体或者被破坏，或者变得面目全非，违背了这一团体成立时的初衷。

此外，可以把人们的群居生活看作相互之间的精神取暖，就像人们在隆冬时节挤在一起用身体取暖一样。但是，那些自己具有杰出的思想热度的人无须和他人挤在一起。我在《附录和补遗》第二卷最后一章中写了一个表达这一观点的寓言。一个人的精神思想价值越高，他就越不喜欢和别人交往，反之亦然。总而言之，如果说一个人"不喜欢社交"，就几乎等于说"他具有伟大的素质"。

一个具有卓越精神禀赋的人能够从孤独中得到两样好处：第一，他可以跟自己做伴；第二，他无须和别人打交道。第二点好处尤其珍贵，特别是当我们知道社交所带来的约束、烦扰甚至危险时。拉布叶曾说："我们遭到的所有不幸都是由我们无法独处导致的。"喜爱与他人打交道是很危险的，因为和我们交往的人大多数缺乏道德、愚笨或者不正常。不喜欢社交实际上就是不喜欢这些人。如果一个人的内在是丰富的，因此无须与他人打交道，那的确是很幸福的；绝大部分不幸都是社交导致的，社交随时都会破坏我们平静的心境——对我们的幸福来说，它是排在健康之后第二重要的。只有充足的独处生活，才能使我们获得平静的心境。犬儒学派哲学家为了享受平和心境带来的快乐而放弃了自己的财产和物品。如果一个人因为同样的原因而放弃社交，那么他的选择就再明智不过了。柏那登·德·圣比埃曾说过一句非常有道理的妙语："节制社交活动能让我们的心灵平静。"所以，如果一个人早年间就习惯并且喜爱独处，那么他就等于得到了一座金矿。诚然，并非人人都能做到这一点。就像人们最初为了逃避匮乏而聚集起来一样，匮乏消失之后，人们又会为了逃避无聊而聚在一起。要是没有感到匮乏和无聊的话，人们也许就会独处，虽然人们这样做只是因为人人都认为自己很重要，是独一无二的，而对有这样自我评价的人来说独自生活是很合适的；因为在嘈杂、拥挤的人群中生活，会让人感到处处受限，步履维艰，对自己的重要性和独特性的评价也就降低了。从这一角度来看，甚至可以说独处是适合任何人的最自然的生活状态：在这种生活状态中，每个人都像亚当一样，能够享受最初的、符合自身本性的幸福欢愉。

但是，亚当是没有父母的！因此，从另一个角度来看，对于人来说独处又并不自然，当一个人降临人世时，他至少发现自己并非孤身一人。他有父母、兄弟、姐妹，所以他属于一个群体。因此，热衷独处并不是人的原本意愿，而是体验和思考过后做出的选择；而且，随着我们精神能力的发展和年龄的增长，我们会越来越喜欢独处。因此，通常来说，一个人的年龄越大，他对社会交往的渴望程度就越低。年幼的孩子自己单独待很短的时间就会害怕而痛苦地大哭起来。而对一个男孩最严厉的惩罚就是让他独处。青年人很喜欢聚在一起，只有一些具有高贵气质的青年人才会偶尔尝试独处，但是要让他独处一整天也是很不容易的。而成年人却更容易一些，能够单独待比较长的时间；而且，随着年龄的增长，他独处的能力也就越强。最后，年过古稀的人或者已经不再需要生活中的欢愉，或者非常淡漠，他的同辈人都已经离开了，对于这种老年人来说，独处正是他们需要的。但是对于个人来说，他的精神价值直接决定了他孤独、离群的倾向。如上所述，这种倾向并非完全是我们自然的、直接的需要，而是通过生活经历以及对这些经验进行思考后做出的选择，是在认识到大部分人在思想和道德方面的本质是可悲的之后才产生的。对于我们来说，最不幸的就是发现在人们身上，道德和智力方面同时具有缺陷，这样就会导致各种各样令人不悦的情况，这也就是我们在与大部分人打交道时会感到不悦，甚至难以忍受的原因。所以，虽然世界上有很多糟糕的东西，但最糟糕的就是社交聚会。就连善于交际的法国人伏尔泰也承认："实际上到处都是不值得我们与之交谈的人。"有着温和性格的彼特拉克执着、强烈地热爱着孤独，他为自己的这种喜好做出的解释也与此类似：

> 我总是追求孤独的生活
>
> 河流、田野和森林可以告诉你们，
>
> 我想要远离那些卑微、混沌的灵魂
>
> 我无法通过他们找到光明之路。

　　彼特拉克在他的《论孤独的生活》中，优美地对独处进行了详细论述。他的书可能是效仿辛玛曼那本著名的《论孤独》。尚福尔以他惯用的讽刺口吻对人之所以不喜欢与他人打交道的间接和次要原因进行了论述。他认为：人们在讨论一个独处的人时，有时候会说他不喜欢与人打交道，这么说就好比一个人不喜欢在邦地森林①走夜路，人们就说他不喜欢散步一样。温柔的基督教徒安吉奴斯②也用独特的神秘语言表达了同样的

---

　　①　邦地森林：巴黎市郊一小片充满危险的森林。
　　②　安吉奴斯（1624—1677）：波兰天主教神秘主义诗人。

意思：

> 希律王是敌人，在约瑟夫的梦中
>
> 上帝让他得知存在危险。
>
> 伯利恒是俗世，埃及则是孤独之所。
>
> 逃离吧，我的灵魂！不然等待着你的就是痛苦和
>
> 死亡。

　　布洛诺也表达了相似的观点："世界上所有想拥有神圣生活的人，都这样说道：啊，我要去向远方，居住在野外。"波斯诗人萨迪这样说："从此以后，我和人群说再见，选择了独处的生活，因为只有独处的人才有安全。"他这样描述自己："我对那些大马士革的朋友感到厌烦，我隐居在耶路撒冷周边的沙漠中，与动物做伴。"总而言之，普罗米修斯用更好的泥土造成的那些人都有着同样的观点。这些杰出、卓越的人和其他人之间的共同点只存在于人性中最丑恶、最卑劣，也就是最庸俗渺小的部分；后一类人集合起来形成了群体，由于他们自己缺少低到前者的高度的能力，所以他们仅剩的选择就是将优秀的人拉低到自己的水平。他们最渴望这样做。请问，和这些人打交道怎么会感到开心和愉快呢？所以，只有高贵的气质和

情感才会使人热爱孤独。而无赖都喜欢社交，他们确实可怜。相较而言，一个人不能从与他人的社交活动中获得快乐，宁可孤身一人也不想和他人做伴，这正体现出他高贵的本性。随着岁月的流逝，他会得出以下观点：世界上，除了极少的特例以外，我们的选择实际上只有两个：要么孤独，要么庸俗。虽然这句话让人听了不太舒服，但是安吉奴斯——虽然他拥有基督徒的爱意和温柔——还是得说：

> 孤独是痛苦的；
>
> 但那也不要庸俗；
>
> 因为这样一来你就会发现
>
> 到处都是沙漠。

那些具有伟大精神的人——这些人是真正的人类导师——不喜欢和他人过多地交往是很正常的，就像校长和教育家不喜欢和吵嚷的孩子们一块玩耍是一样的。这些人降生于世的时候就承担起了一个重要的任务，那就是指引人们渡过谬误之海，进入真理的福地。这些人将人类拉出了野蛮和庸俗的黑暗深渊，使他们沐浴在文明和教化的光芒之下。诚然，他们也必须在世俗男女之中生活，但实际上却并不属于这些凡俗之人。他们很早就察觉到自己与别人之间有着明显的差异，但是只有随着时间的流逝才慢慢对自己的处境有了越来越清楚的认识。他们在精神上本来就与人群有着距离，如今他们又有意识拉开身体上的距离；除了那些不属于凡夫俗子的人，其他任何人都不能靠近他们。

从此可以看出，热爱孤独并非人原本的意愿，它的形成不是直接的，而是间接的，主要是在具有高贵精神思想的人那里逐渐形成的。形成的过程中不得不压制住与生俱来的、想要与人接触的意愿，还要与魔鬼靡菲斯特的低声建议做斗争：

> 不要再抚慰你的痛苦了，
> 它就像一只恶鹰一样噬咬你的胸膛！

具有卓越精神的人命中注定是孤独的：他们有时候会对自己的这种命运发出感叹，但是在权衡了两种害处之后选择了害处较小的孤独。随着年龄的增长，也越来越容易做到"让自己遵循理性"。当一个人年过六十之后，他就会很自然地追求孤独，甚至已经成了一种本能，因为在这个年纪，所有东西都集合在一起促成了对孤独的渴望。对社交的热爱，也就是对女性的喜爱和性欲都已经平息下来了。实际上，老年时期没有性欲的状态是人到达无欲无求的状态的基础；而无欲无求的状态会逐渐使人失去对社交的兴趣。我们抛弃了各种各样的幻想和蠢行；这时生活也不再活跃和忙碌。既没有什么东西值得期待，也不会有什么计划和目标。和我们同一辈的人大多已经逝去，围绕我们的都是陌生的新生代，我们客观上成了真正的孤零零的人。时间以越来越快的速度流逝，我们更想用此刻的时间用来思想。因为只要我们的头脑仍然精力充足，那么我们积累下来的丰富的知识和经验，逐渐完善的思想观点，以及我们运用自身能力的高超技巧等等，都使我们在研究事物时比以前更加轻松有趣。许多以前朦朦胧胧的东西，现在都被我们看透了；很多事情都真相大白了，我们感觉到自己具有了某种透彻的优势。阅历的丰富性让我们学会不再过多地期待他人，因为总体而言，我们在对大多数人深入了解之后，就会发现他们都不值得我们喜欢和夸赞。反之，我们懂得，除了一些极少的幸运的特例之外，我们遇到的人只能都是人性缺陷的标本，此外什么都不是。我们最好对这类人敬而远之。所以，我们不会再被生活中经常出现的幻象所迷惑。从一个人的外在我们就能对他的为人进行判断；我们不会想更深入地与他们接触。最终，和他人保持距离，独自生活的习惯就成了我们的第二天性，特别是当我们在青年时代就已经喜欢与孤独为伴。所以，对独处的喜爱成了最最简单自然的事。但是，在此之前，独处却必须与社交冲动展开一番斗争。在独处生活中，我们怡然自得。因此，所有杰出的人——因为他的杰出，所以不得不孑然一身存在于庸人之中——在青年时代一定都因为孤独而感到压抑，但是年老之后，他就可以放松下来了。

诚然，一个人的思想智力水平决定了他享受老年所带来的好处的程度。所以，虽然人人都能在某种程度上享受老年带来的益处，但只有具有卓越精神的人才能最好地享受老年时光。而那些在老年时代仍然和青年时代一样热衷于世俗人群的人，都是智力和素质低劣而平庸的人。在那个已经不再适合他们的青年群体中，他们显得啰唆烦人；他们所能做到的最好程度也就是让别人能够容忍他们而已。但在此之前，他们可是很受欢迎的。

我们的年龄越高，对社交的热衷程度就越低——我们可以在这一点上发现哲学上的目的论所产生的作用。一个人年纪越小，他就越需要学习各个方面的知识。于是，大自然使得年轻人之间有了互相学习的机会。人们在与自己类似的人打交道的时候，就是在互相学习。在这个意义上，可以把人类社会比作一个庞大的贝尔·兰卡斯特模式的教育机构。通常情况下，学校和书本教育是人为的，因为这些内容与大自然的规划相去甚远。因此，一个人年纪越轻，就越对大自然的学校感兴趣——

这与大自然的目的相符合。

就像贺拉斯说的："完美无瑕在这世界上是根本不存在的。"印度有一句谚语："没有一朵莲花没有茎柄。"因此，虽然独处益处多多，但也带来了一些小麻烦和不便。与和他人共处带来的害处相比，这些麻烦和不便并不那么要紧。所以，如果一个人具有真正的内在价值，那么他一定会发觉独自生活要比与他人共处更轻松自在。然而，在独处的众多不便之中，有一个坏处却容易被我们忽略：就像长期待在屋里会让我们的身体对外界的影响变得十分敏感，一丝冷风就能让我们生病一样，长期孤身独处会让我们的情绪变得非常敏感，一些无足挂齿的小事、言语，甚至他人的一个眼神或表情，都会让我们感到难过和痛苦。相较而言，如果一个人忙于繁杂的生活，那么那些微不足道的事情就不会引起他的注意。

要是一个人由于某些理由而厌恶他人，并因为畏惧而选择独居，那么他是无法长期忍受独居的坏处的，特别是在青年时代。对于这类人我给出的建议是可以培养以下习惯：带着一部分孤独走进社会人群中，学会在人群中保留一份孤独。为了做到这一点，他要学会不要把自己的想法立刻跟别人说；此外，也不要对他人的话语过于认真。他要减少对他人的期待，不论是在道德方面还是在思想方面。他应该用淡然、冷漠的态度对待他人的看法，因为这是最有用的培养令人称赞的宽容的方法。就算在人群中生活，他也可以让自己不完全融入其中；他应该与人群建立一种尽可能客观的联系。这就让他和众人的联系不会过于紧密，从而使自己不会受到他人的侮辱和中伤。莫拉丹在他的喜剧作品《咖啡厅，或新喜剧》中对这种节制的社交方式进行了戏剧描写，特别体现在第一幕第二景中对 D. 佩德罗的性格描绘中。由此看来，社会人群就像火堆一样，聪明人会在与火堆隔着一定的距离来取暖，而蠢笨的人则会离火堆过近；后者在被火堆烧伤后，就一下子躲到寒冷的孤独之中，对那灼热的火焰怨声连连。

第十节

人类的忌妒之情是自然存在的，但它也是罪恶和不幸。所以，它可以被看作是破坏我们幸福的恶魔，我们应该像对待敌人一样将之消灭。塞尼加用那美妙的句子告诉我们："如果不和别人相比，我们就会因为我们已经得到的东西而高兴；如果因为别人要比我们更幸运而不平衡，那我们就永远都不会开心。"此外，"如果你发现有许多人生活比你幸福，那你就想想有多少人比你的情况还要惨吧。"因此，我们应该多想想那些过得比我们还惨的人，因为那些比我们过得更好的人只是看上去如此罢了。甚至当大难临头时，最好的自我安慰——虽然这和忌妒的来源相同——就是想一想那些遭遇了更大不幸的人，此外就是要和那些与我们境遇相同，也就是同病相怜的人多打交道。

关于忌妒的主动性就说到这里。至于忌妒的被动性，我们时刻都不能忘记：在各种恨意中，忌妒是最难以消除的。所以，我们绝对不能持续地让它受到剧烈刺激；反之，最好的做法就是放弃对于这种快感的享受，就像放弃其他很多快感一样，从而使我们避免遭受它所带来的结果。世界上有三种类型的贵族：第一类是出身和地位决定的贵族；第二类是金钱财富决定的贵族；第三类则是精神思想决定的贵族。最后一类是真正高贵的人；只要有足够的时间，他们的高贵就会被人们承认。腓特烈大帝曾说过："拥有卓越灵魂的人和帝王有着同等的地位。"他还对内廷总监说过此类话，因为看到部长大臣和元帅、内廷总监同桌吃饭，而伏尔泰却和国王和王子坐在一起，内廷总监感到十分不满。有很多充满忌妒的人聚集在这三类贵族周围，他们都是因为别人的尊贵而自私感到内心痛苦的人。如果他们再也无须惧怕这些尊贵的人，那他们会想尽各种方式告诉这些尊贵者："你们比我们也强不了多少！"然而，他们的这种做法却正显露出了一个事实：他们的真实想法其实与他们的话正相反。容易受到他人忌妒的人应该采用这种方法，那就是远离善妒者，尽可能不和他们打交道，在彼此之间挖出一条巨大的鸿沟。如果做不到这点的话，那么最好尽可能以镇定自若的态度应对忌妒者的攻击，因为使忌妒者进行攻击的原因正好能够与他们的攻击相抵消，这也是比较实用的应对方式。而在三类贵族之间却并不存在忌妒的情况，能够和平共处，原因在于他们各自拥有的优势可以彼此平衡。

第十一节

我们在实施某项计划之前，应该三思而后行；就算已经详细思考过每一个细节，也要为人类知识的局限性留有余地。原因在于，总会有一些超出我们计划和预料的情况出现；这些情况一出现就会使我们的全部计划被打乱。这种顾虑会给我们以消极的提醒，让我们在面对重大事情的时候，如无必要就千万不能轻易行动，"一动不如一静"。但是，决定已经做出并且付诸实践之后，就只能静观其变，让事情顺其自然地发展。对于那些已经付诸实践的事不要再回过头去考虑，对于还没有发生的危险也不要过于担忧。此时，我们不应该再去纠结这件事，而是应该把它忘掉，因为我们要相信自己已经在合适的时间把所有需要深思的东西都想清楚了，我们有理由享受平静了。意大利有一句谚语是这么建议的——歌德的翻译如下："给马配好了马鞍，就可以出发了！"顺便一说，歌德搜集的许多谚语和警句都是从意大利民谚中来的。如果事情的结果并不好，那么只能归咎于任何人事都会受到偶然和错误的捉弄。世界上最有智慧的人——苏格拉底在处理私人事务时也需要某种魔法力量给他以警示，从而得以正确行事，或者起码避免错误。这说明事情的发展结果是不受人的智力控制的。据此，某个教皇最先表达出了这一观点，亦即，并不是任何情况下我们遭受的灾祸都是由我们自己造成的，或者某种程度上由我们自己造成的，虽然大多数情况下是这样。人们正是因为认识到了这个道理，所以才会尽量对自己遭遇的灾祸进行遮掩和粉饰，并努力装作什么事都没有：他们害怕别人通过他们遭到的灾祸推测出他们的过失。

第十二节

当发生了无法改变的灾祸时，我们千万不要这样想：事情本来有可能会不一样的；更不能假设我们原本能够阻止灾祸的发生。因为这种想法只能让我们的痛苦更加剧烈，以至难以忍受，所以这就等于是在自我折磨。我们应该向大卫王学习。他儿子生病卧床时，他不停地向上帝祈祷、哀求；但他的儿子去世之后，他却打了响指，再也不想这件事了。如果一个人很难使心情放松，那么就要用命运轮的观点自我安慰，因为命运轮说出了这样的真理：所有已经发生的事，都是无可避免的必然事件。

然而，这一真理也有它的缺陷。在不幸发生时，我们可以用它来安慰自己，从而得到轻松，但是如果我们的不幸有一部分原因是自己轻率鲁莽的行为造成的——大部分情况下都是如此——那么，我们应该把对于如何预防不幸发生的痛苦的、反复思考当作有益的体罚，这样我们才能从中吸取经验和教训，这对将来很有好处。如果我们有明显的过失，那么我们不应该推脱责任，或者粉饰和淡化自己的错误，虽然我们经常这样做。诚然，这样一来我们就必须进行痛苦的自责，但是"没有惩罚和教训就没有进步"。

第十三节

我们不要对所有与痛苦和快乐有关的事产生过分的想象。第一，不要建造空中楼阁。因为这种空中楼阁代价高昂，不久之后就会彻底坍塌，空留一声叹息。然而，我们更需要小心的是，不要把那些只是可能发生的灾祸想得太夸张。因为如果这灾祸过于夸张，或者根本毫无根据的话，那当我们清醒之后就会明白那些都只是幻想，从而为更好的现实感到快乐，而且最起码会对未来有可能发生的灾祸产生警惕。然而，我们的想象力很少涉及这些毫无根据的东西，实在无聊的话，我们最多想象一些使人愉悦的空中楼阁。那些可能对我们产生威胁的不幸经历是我们产生的消极想象所依赖的材料。我们通过想象将这些不幸及其发生的可能性进行了夸张，而且将它们渲染得十分恐怖。从这样的噩梦中醒来之后，我们没办法立刻摆脱它们，但是美梦却很快就会被遗忘——因为现实很快就会将美好的景象推翻；现实最多只会给人们留下一点实现希望的可能。如果让消极阴暗的想象占据了我们的头脑，就会产生各种逼真的幻象——这种幻象较难消失，因为确实有可能发生类似的事情，我们无法估计它们是否会发生。发生的可能性很小的事情就会变得像发生的可能性很大的事情。这样一来，我们就屈服于忧虑和恐惧了。所以，我们应该运用理性和判断力去观察和思考所有与我们的痛苦和快乐有关的事，亦即在抽象中用纯粹的概念进行冷静的、不带个人感情的思考。我们不能让想象夹杂在思考中，因为想象没有判断的能力。反之，想象只会使我们情绪的清晰图像受到干扰，使我们更加痛苦，而没有任何益处。

晚上我们更要严守这一原则，因为就和我们在黑暗中会变得胆小，任何东西都能让我们害怕一样，头脑思想中的阴暗模糊也会产生与之相似的影响，因为所有不确定都会导致不安全感。因此，当我们在晚上放松下来的时候，理解力和判断力在主观上就变得晦暗不明；智力也变得迟钝而倦怠，无法触及事物的本质。我们默默思考的那些与我们的私人事务有关的事情，很快就变得危险可怕，呈现出恐怖的形象。这种情况经常发生在我们晚上躺在床上时，因为这时我们的精神是完全放松的，所以我们的判断力无法应对它接受的任务，但想象力却十分活跃。黑夜使一切都变成了黑色的。因此，我们刚睡着或者刚睡醒的时候，头脑都是混乱的，就像还在梦中一样。如果与我们的个人事务有关，那通常都是阴暗可怕的。而这些可怕的景象到了早晨就像梦一样消失了。就像一句西班牙谚语说的："白天是白色的，而夜晚是有色的。"我们的理解力就像我们的眼睛一样，就算晚上点着蜡烛，也没办法像白天那样对事物进行清楚的把握。正因如此，不适合在晚上的时候思考那些严肃、特别是不愉快的事。这类事情最好在早上思考。因为无论是精神上的还是体力上的工作都适合在早上进行。早晨相当于一天中的青年时代：所有事物都是明亮、清新和轻松愉快的。我们觉得自己精力充沛，各种机能都能得到充分发挥。早晨的时光不应该浪费在赖床上，也不应该浪费在没有价值的工作和闲聊上。反之，我们应该把早晨当作生命中的黄金时光，并且在某种意义上把它看作神圣的。相较而言，夜晚则是一天中的老年时代，这时候我们感到困倦、随意和啰唆。每一天都是一段短暂的人生：早晨睡醒就相当于出生，夜晚睡着就相当于死亡和结束。所以，每天的睡眠就象征着这一天的死亡，而每天醒来则象征新一天的诞生。实际上，为了完成这个比喻，起床时的不适和困倦可以被看作诞生时遭遇的困难。

然而，通常情况下，我们的情绪在很大程度上会受到健康状况、睡眠质量、营养、温度、天气、环境等外在因素的影响，而我们的思想则受到情绪的影响。所以，不仅时间会影响我们对事情的看法和能力的发挥，而且地点也会产生影响。因此，

要关注那些严肃的时光，

因为它很少到来。

——歌德

对于客观思想和独特观点，我们只能静静地等候它们的到来，因为它们是否到来完全取决于它们本身，甚至当我们已经

预定好时间，准备好对某些事情进行认真思考，也不一定总会成功。这些都需要特定的时机，时机到来时，相关思路就会自发出现，这时我们就能完全投入了。

关于我建议的要对头脑中的想象加以控制的观点，还需要补充的是，不要将自己受到的不公正、侮辱、蔑视和损失想象得过于生动，因为这会将我们心中暗含的愤怒、仇恨和其他憎恶情绪激活。这样一来，我们的情绪就被破坏了。新柏拉图主义者波洛有一个美妙的比喻：每个城镇中都同时住着高贵杰出的人和卑鄙下流的人，与此相同，每个人身上，甚至是在最高贵杰出的人身上，在其人性，甚至动物性中都隐藏着各不相同的十分粗鄙丑恶的部分；绝对不能让这些乱民受到煽动而出来闹事，也不能让他们站到窗口前向外看，因为他们会把自己的丑陋样子展现出来；而我前面所说的那些想象，正是煽动乱民造反的罪魁祸首。此外，还需要注意：如果我们脑子里总是想那些烦恼，哪怕是最不值一提的烦恼——无论是因为人还是因为事——总是将这种烦恼进行夸张的描绘，那么它就会扩大为恐怖的巨大物体，让我们对它毫无办法。我们应该用一种客观、实事求是的态度来对待所有令人不悦的事，这样才能更好地接受它们。如果把微小的东西放得离眼睛过近，我们的视野就会被局限，看不到别的东西了；与此相同，虽然与我们有直接接触的人和事通常都无足轻重，但我们却总是在上面投入过多的注意力和思考，甚至让我们感到不悦。这样的话，我们就没有时间处理更重要的事情和思想了。这种倾向必须得到控制。

第十四节

我们在看到某个东西时，很容易这么想："啊，我想要拥有它！"因此，我们感到缺了什么东西。实际上，我们应该时常抱有这种想法："啊，如果我失去了某个东西那会怎么样啊？"——我是说：有时我们可以想象一下，我们会如何看待我们失去一个曾经拥有的东西。的确，我们应该这样看待所有我们的拥有之物，不论是财富、健康、朋友、妻儿、所爱之人，或者马匹、爱犬等。原因在于，我们通常只有在失去了一样东西之后才会懂得它的可贵。如果我们在看待事物时能够使用我推荐的这种方法，那么，我们首先会立刻为我们所拥有的东西感到比过去更强烈的直接的快乐；然后，我们就会采取各种方法来避免失去我们拥有的东西。这样一来，我们就不会以玩笑的态度对待自己的财产，让我们的朋友生气，使忠诚的妻子受到诱惑，或者忽视孩子的健康，等等。一般来说，为了给当下灰暗的生活增添一些色彩，我们计划着各种美好的可能，空想出各种各样充满吸引力的希望，然而，这当中都孕育着失望。当残酷的现实将这些幻想击得粉碎时，随即到来的就是失望。更多地想一想可能出现的各种不利情况，反而对我们有益。因为这样做首先会迫使我们采取一些措施来进行防范。此外，如果预计中的不幸没有发生的话，我们就会收获意外的喜悦。经过担忧和顾虑，我们的心情不应该明显地变得更舒畅吗？实际上，常常想象一下巨大的不幸和灾祸有可能发生在我们身上，是有好处的，这样做可以让我们对日后真正发生的很多较轻微的灾祸有更强的承受能力，原因在于我们可以这样自我安慰：毕竟那些巨大的灾祸没有发生。但是，我们在牢记这条原则时，千万不要忘了之前的那一原则。

第十五节

与我们有关系的各种事件各自发生，没有次序，互不关联，差异巨大；它们之间唯一的共同点就是和我们有关。正因如此，我们在考虑和处理事务时，就应该同样地干净利落，千万不要纠缠不清。所以，我们在处理某件事的时候，要先抛开其他事务，在合适的时间里为一件事感到担忧或愉悦，而不考虑其他事。用一个比喻来说明，我们用一个抽屉柜来存放我们的思想，当拉出一个抽屉的时候，其他抽屉是不动的。这样一来，我们在思考较为沉重的问题的同时就不会丧失快乐，也能够保持内心的宁静。我们对这件事的思考不会取代对那件事的思考，不会因为关注大事而忽略了小事，诸如此类。特别要注意这一点：如果一个人具有高贵而深刻的思想，那么就不应该让琐碎的私人事务和低级的烦恼将他的精神思想全部占据，导致他无法进行高贵而深刻的思考，因为这样做就实实在在是"为了生活而破坏了生活的目的"。诚然，必须要自我约束才能够自由地支配自己——想要做好任何事情都是这样。为此，我们必须强调这个观点：任何人都必须受到许多外在限制的种种制约，缺少了这些限制，生活就不是生活了。恰当的轻微的自我约束可以使我们在将来避免很多外在的制约，这就好比在一个圆中，靠近圆心的小圆与圆周圈相对，前者比后者要小上百倍。使我们避免外在约束的最有效的方法就是约束自己。就像塞尼加说的那样："你要是想要控制一切东西，那就让理性来控制自己吧！"而且，自我约束是我们能够做到的，如果万不得已，或者这种约束刺痛了我们最敏感的地方，情况非常痛苦时，我们还能够放弃这种做法。相比之下，外在的限制确实是残酷而严峻的，不会有任何同情。所以，通过自我约束来避免外在限制是非常聪明的做法。

第十六节

我们应该为自己的愿望设限，控制我们的欲望和愤怒，永远不要忘记这一点：世界上很多东西都令人艳羡，但只有很少的部分能够归我们所有，与此相比，我们会遭遇很多的灾祸。换言之，我们要以"放弃和忍受"作为生活准则。要是不遵守这个准则，我们就会感到匮乏和可怜，就连金钱和权力也无法起作用。贺拉斯的诗句表达的就是这一观点：

> 仔细考察你的行为，请教智者如何能够内心平静、轻松地过完一生，避免对毫无价值的东西的欲望、期待所带来的痛苦和折磨。

第十七节

亚里士多德说过："生命在于运动。"显然，他说的一点都没错。我们的肉体生活需要不停地运动；而内在的精神生活也需要通过思想或者行动进行不停地运动。以下事实可以证明这一点：一个缺乏思想的人无所事事时，就会打响指，或者敲打手边的随便什么东西。换个方式来说：我们的生命本身是不断变动的，所以，我们无法忍受完全的静止不动，因为这会导致可怕的无聊。人应该对这种运动冲动进行调节，这样才能使我们获得的满足更合理，因而质量更高。所以，对于我们的幸福来说，需要我们去从事某样活动，比如制作或者学习某种东西。一个人的能力需要得到施展，而且他希望看到施展能力得到的结果。在这一意义上，制作或完成某样东西，无论是篮子还是一本书，都可以让我们感到很大的满足。当我们看到正在从事的工作不断取得进展，而且最终做完时，可以获得一种直接的愉悦感。不论是创作艺术品、写作文章，还是进行手工制作，都会让我们感到快乐。诚然，我们做出的东西越高贵，我们得到的快乐就越强烈。在这一点上，那些具有卓越禀赋，而且认识到自己具有创作内涵丰富、和谐连贯的巨著的能力的人，无疑是最幸福的。原因在于，这类人在自己的一生中都具有一种高级的兴趣，这种兴趣为他的生活增添了一种其他人都没有的趣味。因此，普通人的生活与之相比都是寡淡无味的。人生在世的所有平淡无奇的事物和物质性的东西，在这种具有禀赋过人的人看来，都具有了一种层次更高的形式上的兴味，因为这些都可以作为他们创作主题的材料。只要他们的个人生活脱离了困境，给他们以喘息的机会，他们就会将自己的一生都不知疲倦地投入到对这些素材的收集工作中。在某种程度上来说，这类人拥有双重智力：第一重是处理日常关系（与意欲有关的事）的智力，在这一点上他们与一般人没有什么区别；另一重则是对事物的客观把握的智力。因为这样，他们的生活也是双重的，一方面他们是无动于衷的看客，另一方面又是舞台上的演员。而普通人只有后者的角色。但无论如何，每个人都会根据自己的能力试图做一些力所能及的事。我们在长途旅行中，有时候会感到烦闷不堪，从这一点上可以看出来百无聊赖对我们产生的消极影响。如果无所事事，人就与自己的天然本性相脱离了。就像钻洞对土拨鼠来说不可或缺一样，为了战胜困难和阻碍而不断地拼搏奋进对人来说也是一种需要。长期满意使我们感到没有什么欠缺，这会导致静止不动，这样一来我们就会感到难以忍耐。克服困难、排除障碍可以带给我们很大的快乐。既可以是物质方面的困难——比如日常生活中和生意中遇到的；也可以是精神方面的困难——比如钻研学问时遇到的问题。和这些困难和障碍做斗争并取胜，这会使人感到愉快。要是缺少这样做的机会，人们就会尽可能感召自己的个性机会。比如打猎、玩球，或者在本性无意识的驱动之下寻衅滋事、算计要诈、说谎骗人，或者做出其他恶劣行径。人们做这些事的原因，只不过想要逃离那种难以忍受的无聊状态。"无所事事的时候，很难保持平静"。

第十八节

我们应该把经过深思熟虑的概念，而不是想象中的图景作为行动和努力的指南。但实际情况往往与之相反。所以，只要仔细地观察就能得知：最终决定我们选择的，通常并非概念和判断，而是我们头脑中的想象。实际上，后者只不过也是我们的一种选择。我记不清是在伏尔泰还是在狄德罗所写的小说中，男主角是一个青年，他站在十字路口，呈现出大力神赫克利斯的形象，美德的化身则左手一个鼻烟壶，右手一撮鼻烟，好像是皇子太傅的样子；男主角母亲的贴身女仆则扮演了罪恶的形象。我们总是将某种图像作为我们幸福的目标，在青年时期尤其如此。这些图像一刻不停地在我们眼前闪动，这种情况一般会伴随我们半生，甚至整个一生。这些图像是使人迷惑的幽灵，因为当我们伸手捕捉它们的时候，它们就突然化为了泡影。从中我们得到了经验：这些图像并不能真正实现它们的许诺。我们幻想中的家庭生活、社交活动、田园牧歌，甚至我们对住处、环境和他人表达的尊敬等都属于这类的幻想图景。还有我们的想象图景中的爱人也属于这一类。"每个傻瓜都戴着一顶傻瓜帽。"① 这种情况的出现很正常，因为事物的直观图像是一种直接认识，与概念，也就是抽象的思想相比，它对我们意欲的作用更加直接。我们通过概念只能了解事物的普遍情况，而不能了解单个的具体事物，而现实却包含在单个的具体事物中。所以，概念对我们意欲的作用是间接的；但概念却能真正给予它所许诺的。因此，教育的目的就是让我们只相信概念。诚然，进行教育也要解释和阐述一些图像，但这只是一种辅助。

第十九节

上一条原则可以归属在下面这条更普遍的原则之下，那就是我们应当随时随地对我们对眼前现实的印象和直观认识进行把控。这种直观图像比我们的思想认识所能引起的效果要更加强烈，原因并非在于直观印象的内容和素材——通常是有限的——而在于它的形式，也就是它的直观性和直接性。我们的情绪受到了直观印象的强烈的刺激，在它的扰动下，我们的情

①　法国谚语。

绪失去了平和与坚定。存在于眼前的、能够直接观察的事物总是用它全部的力量当下就产生影响，一下子就让我们感受到它们。与此相比，思想和推力却离不开时间和平静，我们每次只能对一件事情进行深入的思考。所以，我们不可能随时随地看到思考的结果。正因如此，虽然我们通过深思熟虑已经决定放弃某种吸引人的事物，但当我们看见这个诱人的东西时，我们就会立刻被它吸引。与此相同，虽然我们明白他人的判断是毫无根据的，但我们心里还是会因此感到不开心；虽然我们知道他人的某个冒犯十分卑鄙无耻，不值得反驳，但我们仍然会对此感到愤怒。同样，十个不存在危险的理由都比不过一个存在危险的假象。通过以上例子，我们可以清楚地认识到我们本性之中暗含的根本上的非理性。女人常常被这类印象控制，而能够以超凡的理性得以免受这种印象影响的男人也很少。要是某种印象的影响没办法完全通过思想消除，那么用相反的印象与它的作用相抵消就是最好的解决办法。比如说，在被他人侮辱的时候，我们可以想一想那些尊敬我们的人；为了应对印象中的某种威胁或危险，就集中精力思考能够解决这一危险的方法。莱布尼茨在《新论文》（第一部第二章）中，谈到一个意大利人设法经受住了他人的严刑拷打。这个意大利人一直想象断头台的图像。因为如果认罪的话，那么断头台就是他的命运。因此，他经常大喊："我看到你了！"后来他才对这句话的意思进行了解释。正是因为此处说到的原因，如果我们的看法与周围所有人都不一样，并且他们的行为也都和我们不一样，虽然我们坚信别人都是错的，但也很难做到坚持自己能够不动摇。就像一个国王化装潜逃，他忠诚的侍从能够坚持私下对他行礼并且表现卑下的态度，对他来说就是不可或缺的鼓励，不然的话，到最后国王都会开始怀疑自己的身份。

第二十节

在第二章中我强调：身体健康拥有至高的价值，对于我们的幸福来说它是最首要和最关键的。此处，我来谈几条关于保持和提高身体健康水平的大致做法和原则。

我们在身体健康的时候，可以通过让身体的全部或部分承受一定的压力，让身体习惯于抵抗各种不良影响，从而使自己变得更强健。但是，如果我们身体的全部或部分出现了病痛，那么就要反过来，尽可能采用各种方法让出现病痛的部位得到休养；原因在于患病或虚弱的身体是无法承受锻炼的。

加强运动可以使肌肉增强，但折磨却会使神经受损。所以，我们可以为了锻炼肌肉而进行适当的劳作，但却要保证神经不过于劳累。与此相同，眼睛也不能受到过强的，特别是反射光的照射；黑暗中要减少用眼，避免眼睛承受过重的负担。也不要长期盯着细小的东西看。同样，耳朵也不适宜听到过强的噪音。然而，最重要的是要避免大脑从事任何被迫的、不间断的和不合适的劳作！所以，我们在消化食物时应该放松大脑，因为大脑用来思考的动力这时正在肠胃中起作用，准备食糜和乳糜。根据同样的原因，我们在剧烈的肌肉运动之时或之后，都应该放松大脑，因为运动神经和感觉神经十分类似。就像我们四肢受伤时感觉到的疼痛是大脑发出的一样，使我们工作和行走的也并非手脚，而是大脑。亦即大脑中负责控制工作和行走的部分通过延长神经和脊髓，刺激四肢的神经从而让四肢运动起来。所以，如果我们的四肢感到劳累，其实是来自大脑，因此，会感到劳累的只有进行随意运动——也就是由大脑发号施令的运动的肌肉，而不以我们的意志为转移而运动的肌肉，比如心脏，就不会感到劳累。因此，如果大脑被迫在进行激烈的体力活动的同时还进行紧张的精神活动，或者这两类活动之间的间隔时间太短，那么显然大脑就会受损。这一点与下面这一事实相符：刚开始散步，或者散步了比较短的时间后，我们通常会感到充满精力，因为大脑中控制肢体活动的部分还没有劳累，另外，轻微的肌肉活动和因此导致的呼吸加快使大脑动脉中的血液流量增加了，因此氧气更加充足。我们必须保证充足的睡眠，从而让大脑得到休养和恢复。就像钟表需要上发条一样，人也需要睡眠（参见《作为意志和表象的世界》第二篇第十九章）。一个人的大脑进化程度越高，活动量越大，那么他就需要更多的睡眠。但是，超过了所需时间的睡眠却是在浪费生命，原因在于睡眠时间越长，其质量和深度就越差（参见《作为意志和表象的世界》第二篇第十九章最后）。我们还要明白：通常情况下，我们的思维活动只是大脑的一种有机作用罢了，所以，这种有机活动以及它所需要的休息和其他有机活动并没有太大的区别。就像眼睛过度疲劳会伤害眼睛一样，过度思考也会伤害大脑。胃是用来消化的，而大脑是用来思考的——这种说法是毫无疑问的。但这种观点则是错误的，那就是认为人的大脑中有一个简单的非物质灵魂，在永不疲倦地不停思考，不需要这个世界中的任何东西。确实有很多人因为这种错误见解而做出了很多蠢事，从而使思维变得迟钝。比如，腓特烈大帝曾试着完全不睡觉。哲学教授们可千万别用他们为了顺应需要而编出的问答指南式的婆妈哲学来支持上面的错误见解。就算用实践眼光也能看出这种错误观点是有害的。我们应该将思维活动看作一种生理作用；并且因此避免让它过度劳累。与此同时还要牢记，我们身体中的一切病痛和紊乱，不管这些在身体哪个部位发生，都会使我们的大脑精神受到影响。读一读加班尼斯的《人的生理与精神之间的关系》可以帮助读者理解我上面的观点。

有许多伟大的思想家和学者年老之后就会智力减退，像个孩子一样，甚至会出现精神问题，就是因为忽视了我强调的这一要点。比如，19世纪的英国著名诗人华尔特·司各特爵士、华兹华斯、修特等人，年老之后，甚至在年过花甲之后精神就逐渐衰弱，变得呆滞，甚至成了痴呆。对于这种情况，毫无疑问是因为他们被丰厚的财富所诱惑，将文学看作赚钱的工具。这导致他们的脑力劳动的强度违反了自然规则。如果一个人给毕加索套上枷锁让他做苦役，鞭打文艺女神的话，那么他们和那些迫使爱神维纳斯为其服务的人一样，都会受到惩罚。我怀疑，就连康德在最终功成名就以后，在生命最后阶段的工作强度也有些过度。因此，他在生命中的最后四年就再次变成了孩子。与此相比，魏玛宫廷中的先生们——歌德、魏兰、涅布尔等——一直到很大的年纪，他们的思想和精神能力都是完好无损的，原因在于他们写作的目的并非为了金钱。伏尔泰也算在此列。

对我们的身体健康，甚至我们的思想健康来说，一年中每一个月都有与天气无关的某种直接影响。

第三部分　我们对他人应采取的态度

第二十一节

生存于世，为了达到获取幸福这一目的，我们必须具有一定的预见能力和宽恕能力：第一种能力使我们能够免受伤害和损失，第二种能力则使我们避免人事的吵闹和争执。

一个人如果生活在人群中，那么他就没有任何理由对任何人加以谴责和拒绝——只要这个人是大自然的产物，就算他是最可鄙、可笑的人也是一样。我们应该将这个人看作无法改变的既成事实：这个人是按照某条永恒的、形而上的规则存在的，他只能展现出现在的样子。我们一旦遇到一些非常糟糕的人，就要牢记这句话："林子大了什么鸟都有。"① 否则，我们就失去了公正性，就等于向这个人提出了生死决斗的挑战。因为任何人都无法改变自己的真实个性，包括道德品行、认识能力、长相性格等。如果我们对一个人的本质加以彻底谴责的

---

① 　出自歌德的《浮士德》第 3483 行诗。

话，那这个人唯一的选择就是视我们为敌人。原因在于，只有当这个人改头换面，变成一个与永远无法改变的自己完全不同的人之后，我们才会承认他具有生存的权利。因此，如果想要生存在人群之中，我们就必须容忍他人以既已存在的自身个性而存在，无论是什么样的个性。我们不应该希望改变，或者谴责他人的本性，而只能关注一个人如何用其本性的内容和特质所允许的方式使自己的本性得以发挥。"生活，也让别人生活"这条格言说的就是这个道理。虽然这种做法是理性的，但却很难真正做到。如果一个人能够永远避开人群，那他就得到了幸福。我们可以先用死物来锻炼自己容忍他人的耐性。由于机械和物理的法则，物体总是对我们产生妨碍。我们每天都能找到机会练习。此后，我们就能用从这种练习得到的耐性去应对人了。我们应该保持这样的观点：他人不合我们的心意，阻碍我们的行动，但是他们之所以这么做，是由一种从他们本性中产生的严格的必然性导致的，就像必然性导致了物体活动一样。因此，为了他人的行为而大发雷霆就像和我们在路上碰到的一块石头生气一样愚蠢。我们对人们的最明智的态度就是："我不要改变他们，而要利用他们。"

第二十二节

使人惊奇的是：通过人们的谈话可以很容易、很迅速地看出来人与人之间在精神和性情方面的异同，就算是很微不足道的细节也会被察觉。虽然两个人谈论的只是很广泛和表面的话题，但是由于他们是完全不同的人，所以他们双方说出的任何话语都会让彼此不愉快，甚至很多情况下会生气。而同一类人之间的每句话都会得到彼此的认同。如果两个人相似程度非常高，那么由于彼此很欣赏，他们之间很快就会形成一种完美的和谐，甚至完全一致。这一点首先可以解释为什么平庸的人通常人缘很好，总是能够轻易找到关系很好的朋友。这些人真是诚实、正直而可爱啊！但是，那些杰出卓越的人却正与此相反；他们越是出色，这种情况就越明显。因此，当他们生活在远离人群的孤独中时，如果偶尔在他人身上发现了与自己相似的某些细节，他们都会发自内心地感到高兴，不论那些细节是多么微小！一个人对他人来说，与他人对这个人来说是一样的。真正伟大的思想者，会像鹰一样，在孤独的高处筑巢。其次，通过这一点我们还能明白，为什么两个同气相求的人很快就能走到一起——就像被磁石吸到一起一样——这是因为相同的灵魂会遥远地互换。诚然，那些资质平庸、品性低劣的人当中经常会出现这种情况，原因在于这类人数量众多。与之相比，具有杰出禀赋的人本来就很稀少。所以，如果在想要实现一些现实抱负的人群当中，两个彻底的无赖很快就会认出对方，好像他们胸前戴有标记一样，而且很快就会凑到一起策划阴谋诡计。同样，我们可以想象——因为这种情况不可能发生——很多拥有智慧和思想的人聚集在一起，其中还混有两个愚人。那么这两个人很快就会因为相似的特质而互相吸引。他们会由于以为起码找到了一个聪明、讲理的人而感到高兴。道德品质和思想智力都很低下的两个人，更容易一下子发现彼此，他们是那么希望能够走到一起！他们充满热情和喜悦地迈着大步向对方走去，就像两个有多年友谊的老友一样——这种情况着实令人感到惊讶！这种令人惊奇的事甚至会让我们觉得：在佛教投胎转世的说法看来，这两个人是前世的朋友。

然而，就算人们之间有着高度的和谐统一，但是人们此时此刻出现的不同情绪仍然会产生短暂的不协调和疏离。人与人之间的情绪几乎都不相同，情绪是由一个人的处境、身体状况、工作、周围环境、脑海中的思绪等决定的。正因如此，就算最合拍的人们之间也会发生龃龉。只有经过最高的文明教化，人们才能通过调节来消除这种不协调，并且调节到某种相同的温度。从以下事实可以看出人们保持同样的情绪对社会群体会产生什么样的影响：如果一群人在同一个时间，以同样的方式受到某种客体事物的影响——这种事物可能是某种危险、希望，或一条消息；又或者是少见的景色、话剧、音乐等，那么这些人虽然数量很多，但由于受到了相同的刺激，他们就会在一种共同的愉悦气氛中热情而真诚地参与到互相交流中。原因在于，这些客体事物的影响力大过个人的利益兴趣，因而能够创造出相同的情绪。而这种来自客体事物的影响一旦消失，那么通常就只能依靠个人主体了。因此，聚会团体通常用喝酒这种方法来营造出共同的情绪，甚至喝茶和喝咖啡也能达到这个目的。

每个人的情绪都千变万化，这很容易使一个群体产生不和谐。但正是从这种不和谐中，我们可以了解为什么我们的记忆在排除了此类情绪的干扰之后——虽然是很短暂的干扰，留在记忆中的人就变得更加理想，甚至变得神圣了。记忆产生的作用就好比针孔照相机里的聚光镜一样，景物进入聚光镜中，然后产生了一张比实物更美的照片。如果想要获得这种益处，让自己在他人心中的形象得到美化，那么一种方法就是尽可能避免与他人见面，因为虽然记忆的美化工作需要花费很长时间，但却可以立刻开始。因此，最明智的方法就是隔很长时间后再和我们的熟人好友见面，因为再次见面时，我们就会发现对方的记忆已经开工了。

第二十三节

每个人都无法看到自身以外的事物——我是说：每人都只能在他人身上看到与他自己相等同的东西，原因在于人只能用自己的思想智力去认识和理解他人。如果一个人的智力素质比较低下，那么他是无法察觉他人拥有的思想、智慧的，甚至最伟大的天才也无法影响到他。他在别人身上所能看到的只有自己的低级缺陷，也就是他本身在性格、气质上的所有缺点，此外别无他物。因此，对于他来说，别人只是一个可以拆卸成各个部件的组合体。高级的精神智力之于他，就像色彩和影响之于盲人一样，都是不存在的。如果一个人缺乏精神思想，那么他就看不到别人具有的精神思想。事物的自身价值加上判断者的知识就构成了对这一事物的价值判断。因此可以得知：我们与别人交谈时，就把自己降到了对方的水平，原因在于我们相较之下所具有的优势都不存在了，而且我们的屈就也不被别人了解。既然大部分人的素质都很低劣，因而很庸俗，那么我们就能得知：在和他们交谈的时候，我们自己必然变得平凡庸俗了（可以比作电传导的规律）。这种情况下，我们就能对"屈尊、降格"这类词有真正而彻底的理解。实际上，我们恨不得离这些人越远越好，因为我们和他们之间唯一能够交流的只有本性中令人羞愧的东西。我们也会懂得：我们在与那些蠢笨的人打交道时，只有采用避免与他们交谈的方式才能让他们了解我们的智慧。诚然，许多人来到社交场合时，就像一个舞技高超的舞蹈家来到一个舞场，但里面全都是瘸子——他能和谁跳舞呢？

第二十四节

如果一个人在等人或者等着做什么事时，也就是无所事事的时候，不会立刻拿起手边的东西——可能是手杖或者刀叉之类的——开始有节奏地敲打，那么我就会对他表示尊重，因为他最起码有可能在进行思考。但是这类人是极为稀有的。很多人都只会观看，而不会思考。他们如果手边没有雪茄的话，就会用制造噪音来感觉自己的存在。根据同样的原因，这些人随时随地都用敏锐的视觉和听觉关注着周围发生的一切。

第二十五节

拉罗什富科曾经很恳切地说：如果对一个人十分尊重的话，那么就很难喜欢他。因此，我们要么选择受到尊重，要么选择被喜爱。虽然每个人都有各自的原因，但他们对我们的喜爱总是出自私心；除此之外，我们并不会为自己受人欢迎的原因而自豪。总的来说，我们对他人精神思想水平的要求降得越低，我们受人欢迎的程度就越高，而且，我们必须发自内心，而不是虚情假意地降低要求，不能是因为容忍，因为容忍来源于鄙视。爱尔维修曾经说过一句十分正确的话："足以取悦我们的思想深度正好与我们自己的思想深度相同。"从这一点就可以得出结论。而我们受到的他人的尊敬则是完全相反的情况。这种尊敬是我们从他人那里强行夺取的，违背了他们的意志，因此别人通常会掩饰自己的尊敬。我们可以从他人的尊敬中得到极大的内心满足，因为它直接关系着我们的价值；但他人对我们的喜爱却和我们的价值没有直接关系，因为喜爱是主观的，而尊敬则是客观的。诚然，对我们来说受人喜爱更有益处。

第二十六节

大多数人都无法脱离主体的"我"，从根本上来讲，他们唯一感兴趣的东西就是他们自己，此外别无其他。所以会出现这样的情况：他们听到别人的话立刻就能想到自己，哪怕是无意的一句话，只要与他们稍有关系，他们就会把全部的精神和注意力投入进去；这样，他们就没有多余的精力去理解谈话的客观内容了。与此相同，如果推理和辩论触痛了他们的利益和虚荣心的话，就不会起到任何作用。所以，这些人很容易注意力不集中；他们常常会觉得被他人侮辱或者伤害了。在和这些人讨论客观事务时，我们一定要小心翼翼地避免在话语中提到与这位尊贵而敏感的人相关的事，更不要涉及不利于他的事，因为他们会而且只会将这些话记在心上。别人话语中的卓越见解、格言警句和优美之处对他们来说毫无意义，但对于那些可能使自己脆弱的虚荣心受伤的话——虽然两者之间的关系十分间接而微弱——以及所有能暴露出他们在意的自我缺点的谈话，他们却非常敏感。他们就像被踩到爪子的小狗一样敏感而脆弱；所以，对于它的吠叫我们也就必须忍受。抑或，就像对待一个身上布满伤口和肿块的病人一样，我们必须小心不要碰到他们。有些人甚至到了这种程度：只要有人在交谈中表现出思想和理解力，或者没有将这些东西完全藏而不露，那他们就会觉得被羞辱了。但是，当时他们不会表露出这种想法。事情过去之后，那个缺乏生活经验的人只能无用地苦苦思考到底是哪里得罪了这些人。然而，根据相同的理由，想要奉承和讨好这些人也是轻而易举的。所以，通常来讲，这些人的判断力都非常差，毫无客观和公正可言，只不过是倾向与他们所属的政党或阶层的话语和表白罢了。这些都源于以下事实：这些人身上的意欲要比认识力强得多，他们微弱的智力完全依赖和受制于意欲。

通过占星术可以很好地证明人的自我总是可耻地认为一切围绕着自己，一切从自我出发。正是因为这样，人们认为所有东西都和自己有关，通过每种思想间接都能直接联想到自己。占星术就是在天体运行与人的可悲自我建立联系，并将空中的星体与人世间的庸俗和丑恶的事情关联起来。自古以来就有这种情况（参见斯托拜阿斯的著作）。

第二十七节

当出现了一些荒谬、颠倒黑白的观点，抑或虚假荒诞的文字作品广受欢迎，或者没有受到谴责和驳斥，我们不要因为事情无法改变而感到绝望。反之，我们应该认识以下事实并以此自我安慰：未来，人们将会对这些观点和作品进行重新审视、讨论、思考和澄清。大部分情况下，人们终将做出正确的评判。因此，过了一段时间之后——具体事情的难易程度决定了时间的长短——差不多所有人都看清了那些头脑清晰的人当时一下就明白了的东西。当然，我们在这个过程中必须保持耐心。一个具有正确见解的人与那些受到蒙蔽的人们在一起，就像一个人的手表指示的是正确的时间，而整个城市中的钟楼指示的时间都是错的，正确的时间只有他才知道。但是这并没有任何用处。所有人都按照错误的时间行事，就连那些明知这个人的手表指示的时间是正确的人也是如此。

第二十八节

在这一方面普通人和小孩很像：要是我们宠着他们的话，他们就会变得顽劣。因此，我们对任何人都不能过于迁就和顺从。通常来讲，如果我们拒绝一个朋友借钱的要求，我们并不会失去这个朋友；但是，如果把钱借给他，我们反而更容易失去这个朋友。与此相同，如果我们用一定的傲气、忽视和大大咧咧的态度对待朋友，那我们并不会轻易失去他；但是，如果我们过于礼貌和周到的话，反而容易失去他，因为礼貌和周到会让他变得高傲和难以容忍。这样，朋友之间就产生了隔膜。尤其不能让人们知道别人需要他们，因为如果他们认定自己被人需要，就肯定会变得傲慢无礼。而一些人只要别人与他们交往，常常和他们交谈，或者对他们表示信任，他们就会变得粗鲁无礼；不久之后，他们就认定我们理应容忍和承受他们的一切作为，紧接着就会超越礼貌的界线。所以，我们能够与之深交的人十分罕见，我们需要小心避免和那些卑劣下流的人走得太近。如果一个人认为比起他需要我来说，我更需要他，那么他就会立刻觉得我欠了他什么东西；他就会试着获得补偿，把欠了他的东西要回去。只要我们对对方没有要求，不依赖他们，并且让他们认清这一点，我们就能在与他们的交往时占据优势。正因为如此，无论对方是男是女，我们都要让他们感觉到对我们来说他们并非不可或缺。这样做对友谊有益。确实，我们在与大多数人打交道时，如果偶尔表现出轻微的轻视态度，并不会产生什么危害；反而会让对方更加珍惜这份友谊。这句意大利谚语十分精妙："不尊崇别人的人反而会被他人尊崇。"但是，如果一个人的确对我们来说很重要的话，那我们就应该像隐瞒罪行一样隐瞒这一事实。这个道理虽然让人不悦，但却是真实的。试想：就连一条狗都受不了别人过于宠它，更何况人呢。

第二十九节

一般情况下，那些本性高贵、思想杰出的人，往往令人惊讶地不懂得人情世故，在青年时代更是如此。所以，他们很容易被别人欺骗，或被误导。但那些本性庸俗低劣的人却很快就能学会这些，从而更好地在世上生存。原因就在于：如果我们缺乏经验，那就只能对事情进行先验的判断。通常情况下，实际经验是无法与先验知识相提并论的。那些平庸之辈的先验知识就是从自我出发对问题的看法；但那些杰出卓越的人却并非如此。正因为这样，他们才和普通人格格不入。当他们用自己的思想和行为去揣测他人时，得出的就会是不准确的结果。

然而，哪怕这样高贵的人最终掌握了后验的知识，也就是：将他人的教导与自己的经验相结合，终于明白了对人应有怎样的期待；懂得了如果不是万不得已，就最好与占总人口六分之五的人保持距离，尽可能不和他们打交道，这些人的道德和智力水平决定了这一点——哪怕如此，这个高贵之人仍然无法充分认识到普通人卑劣、可鄙的本性。日后，他对这方面的认识会逐渐扩大和丰富，但在这个过程中，他还会经常失算并连累到自己。他虽然确实用心牢记教训，但是当他与陌生人一起交往和谈话时，他还是会很吃惊地发现这些人诚实正直、具有君子风度、头脑灵活、幽默风趣。他无须对此感到不解，道理其实并不复杂：大自然在造人时与拙劣的文学家不同。后者对无赖或笨蛋的表现手法十分笨拙、生硬，而且体现出很强的作者的主观意图，好像作者就站在这些人物形象背后，拒绝承认他们拥有独特的思想和语言，而且大声警告我们："大家请注意，他是骗子，而他是傻瓜，千万别上他们的当！"与此相比，大自然更像莎士比亚和歌德。在这两位作家的作品中，任何人物——就算是魔鬼——只要站在那里说话，那么他们说出的话就是非常合情合理的。就是因为这些人物得到了客观的展现，所以读者就会被他们的喜怒哀乐所吸引，不自觉地对他们表示关心和同情。大自然的作品就和这种人物一样，有着一种内在原则：他们的言语、行为都是以这一内在原则为依据的，所以好像出于自然，也好像出于必然。因此，如果一个人认为这世界上存在头上长角的魔鬼或者身上挂着铃铛的傻瓜，他就会被这两者俘虏和玩弄。除此之外，人们在和他人交往时，都像月亮和驼背的人一样，永远只露出一面。的确，每个人都天生具有摆弄五官，伪装成自己心目中的模样的能力。一个人完全按照自己的个性来制作自己的面具，因此，这面具与他本人十分贴合，具有极强的欺骗性。当需要讨他人欢心时，他就会戴上面具。他人的面具不过是一层油布罢了，此外毫无价值。我们要记住这句精妙的意大利谚语："再坏的狗都会摇尾乞怜。"

不管怎么样，我们应该注意的是，不要给予刚认识的人过高的评价。不然，绝大多数情况下我们都会失望和羞愧，甚至招致不幸。此处应该提到塞尼加的话语："一个人的性格本性可以从小事中看出来。"一个人有可能在细节上疏忽大意，从而使自己的本性暴露在外。一个人处理细枝末节的方法，或者单纯的举止态度就能体现出他完全不顾他人、无限膨胀的自我。这类人就算将自己的本性加以伪装，但在大事上也会不自觉地体现出来。我们一定要抓住这些观察他人的机会。如果一个人在处理微不足道的日常小事时——也就是"法律不管的小事"①——从来不顾及他人，只图自己方便，为自己谋利，而不惜损害他人的利益，将大家的东西据为己有，那么，我们就可以断定：这个人的内心没有丝毫的公正。幸亏有法律和司法机构的管束，否则他甚至有可能成为一个恶棍。对于这种人我

---

① 罗马帝国的法律原则。

们不能给予一点信任。的确，在自己的私人圈子中无视规则，肆意破坏的人，在他感到自己的安全不会受到损害时同样会破坏国家的法律。

原谅和遗忘意味着对我们得到的宝贵经验的遗弃。如果一个与我们交往或有关联的人表现出一些令人不悦甚至生气的行为，那么我们就要扪心自问：这个人拥有的价值，值得我们情愿忍受他的行为吗？因为这种行为肯定会继续发生，甚至程度会更加严重。如果得到肯定的答案，那么我们就无须对这种行为进行评价，因为不会起到任何作用。我们就可以稍微劝告他一下，或者干脆什么都不说，听任事情过去。但是，我们一定要明白，这样做的后果是他随时都有可能再次带给我们同样的困扰。但是，如果得到否定的答案，那么我们唯一的选择就是立刻而且永远地和这位可爱的朋友绝交；如果他是我们的仆人，那就要立刻解雇他。因为如果再遇到相同的情况，他肯定会毫无意外地做出相同或相似的行为——虽然他现在发自肺腑地保证再也不会这样。一个人能够忘记一切，但他唯一不会忘记的就是他的自我和本性。性格是绝不可能改变的，因为人的所作所为都依据一条内在原则；按照这条内在原则，一个人在同样的情境之下永远都只能做出同样的行为，而不可能做出其他事。诸位读者想要摆脱错误观点，可以读一下我那篇关于意欲的自由的获奖论文。所以，与已经断绝交往的朋友重新恢复关系是很软弱的；我们最终会为这种软弱付出代价，因为只要时机成熟，这个朋友就会再次做出当初导致绝交的事。只不过，这一次他会更加胆大妄为，因为他已经暗暗认定对于我们来说他是不可或缺的。对于那些已经被我们解雇又重新聘用的仆人来说，也是同样的道理。根据相同的原因，如果情况改变了，那么就不能指望一个人做出和以前一样的行为。自己的利益一旦改变，人们的观点想法和行为态度就会紧跟着改变。确实，人们那些有目的的行为很快就会像短期支票一样兑换成现金，我们需要把眼界放得更短，才能接受这种行为。

所以，如果我们想知道一个人在某种假设的情境中会怎样行事，那我们千万不要听信他的许诺和保证。原因在于，哪怕这个人许下的诺言和保证都是发自真心的，但他实际上并不知道他在说什么。因此，只能通过思考他准备进入的情境，以及这种情境和他的性格之间存在的冲突来推测他的行为。

若想要对人的可怜而真实的本质——大部分人的本质就是如此——有一个必要的、清楚的和彻底的了解，那么，用书本中对人的行为的描述解释现实生活中人的行为，或者反过来，用后者说明前者，都是很有用的方法。这可以帮助我们避免错误地认识他人和自己。但是，我们不要为现实生活中或书本中遇到的人的卑鄙和愚蠢而感到愤怒。我们应该将这些人的特性当作单纯的认识材料，当作人的某种特性的标本记录下来。就好像一个矿物学家偶然发现了某种矿物的标本那样。当然也有例外，甚至有的特殊例子有着很大的差异。人与人之间存在着巨大的差异。但总体而言，像我已经说过的那样，整个世界都充满了罪恶：野蛮人之间人吃人，文明人之间人骗人，这就是所谓的世道。国家及其目标在国外和国内都设置有武器装备——这些难道不是为了防备和制止人们行不义之事吗？整个历史已经向我们表明：任何一个国王，一旦对自己的国家有了绝对权力，并且积累了一些财富，就会凭借这些资本去建设军队，像海盗一样侵略邻国。一切战争说到底不都是烧杀抢掠的强盗行为吗？在古代，某种意义上来讲中世纪也一样，被征服的人沦为征服者的奴隶，亦即需要服务于征服者。但实际上，那些为战争付费的人也同样在为征服者服务。他们将工作收入都贡献了出来。伏尔泰曾说："一切战争都是抢夺罢了。"德国人应该铭记这一点。

第三十节

我们不能放任一个人完全自主地发展。每个人都应该在概念和格言的指引下前进。但是，如果我们在这方面做得太过分，以至有一种人为的特性，也就是说并非出自我们的内在本性，而是源于理性思考和外在性格，那么人们很快就会认识到这句话的真实性：

> 天性被叉子赶走了，
> 但她仍然要返回来。

——贺拉斯

所以，我们很容易明白和发现待人处世中应该遵循的规律，并且能够很好地将之表达出来，但是我们在实际生活中却很容易违背这些规律。然而，无论如何，我们也不要因此感到沮丧，不要因为抽象的法则无法指导我们的行为而自我放任。只要在实际生活中运用理论性的规则就会出现同样的情况。最重要的是明白和理解规律，然后是把这些规律运用到具体事务中。我们只要运用理性，一下就能做到前者，而只有通过循序渐进的练习才能做到后者。一个初学者尽管看过别人示范演奏乐器的指法或者击剑的防守和进攻招式，尽管他全心全意地想要完成动作，但当他自己亲自操作时还是会出错。他就会认为：自己几乎没有可能在演奏和击剑时运用相关的技巧。但是，不断地练习演奏指法，或者不断地跌倒后再爬起，他最后总是能够掌握其中的诀窍。掌握拉丁文的口语和书写规则的过程也与之相同。因此，如果愚笨的人想要成为宫廷弄臣，行事冲动的人想要变得圆滑世故，多话者想要变得言谈谨慎，贵族出身的人想要变得愤世嫉俗——想要实现以上所有目的的唯一方法都是勤学苦练。然而，通过持之以恒的习惯性练习来进行自我训练，需要依靠外在的约束；而人的天性总是会与之抗衡，有时人的天性会在意料之外摆脱这种约束。原因在于，那些以抽象格言为依据的行为和那些以自然天性为依据的行为相比，就像人工制品，比如手表——我们强加给这一物体以本身并不属于它的形状和运动——与那些有机生命体相比，后者的形式和物质是统一的，自成一体。外在形成的性格和天然得来的性格之间的关系可以作为拿破仑皇帝一句话的佐证："所有非天然的东西都不完美。"通常来说，物理领域以及人的精神范围内的所有事物都符合这一规则。天然砂金石是我所知道的唯一一例外，矿物学家都对它很熟悉，人造砂金石要比天然砂金石更美。

　　我在此处要对所有造作行为提出警告：造作的行为总会受到鄙视。第一个原因是，它是造假和欺骗，所以它是软弱的表现，因为欺骗是恐惧导致的。第二个原因是，造作是一种自我谴责和自我贬低，因为造作的人想要表现出他们认为要优于自己，但与自己的实际并不相符的形象。精心修饰一番，装作拥有某样品质，实际上就等于承认了自己并没有这样品质。无论一个人假装具有勇气、机敏、学识、智力，还是说大话冒充情场高手、富翁、地位很高的人还是什么别的，这种冒充行为都可以说明：这个人所冒充的就是他所缺乏的，因为如果我们真的具有某种品质和优势，我们就不会故意显示和炫耀它——只要我们想到自己拥有它就已经很满足了。一句西班牙谚语表达的正是这个意思："马蹄铁之所以发出声响是因为少了一个钉子。"虽然这样，就像我前面所说的一样，我们不能对自己的本性过于放任，将它完全体现出来，因为我们需要隐藏起其中那些恶劣和兽性的部分。但这个理由只针对隐藏消极的东西，并不能给予假装拥有积极的东西的做法的正确性；亦即我们可以藏愚守拙，但却没有理由假装卓越。我们应该明白：就算人们还没搞明白一个人想要伪装成什么样，就已经知道他在伪装了。第三个原因是，伪装无法长期持续，总有一天面具会被揭开，"任何人都不能一直戴着面具，人的天性很快就会暴露出来"（塞尼加语）。

第三十一节

就像一个人承担着自己的身体却对身体的重量毫无察觉，但在搬动别人的身体时却会感到重量一样，一个人对自己身上的缺点和恶习可能视而不见，但却会看到他人身上的这些东西。所以，人人都要把他人当作自己的镜子，从镜子中可以看清自己的缺点、恶行和其他坏处。但是，通常情况下，人们却像一只对着镜子狂吠的狗——以为镜子里是另一只狗，而不知道那其实是它自己。对别人挑三拣四的人其实是在改进自己身上的缺点。因此，喜欢暗自观察和刻薄地挑剔他人做过或者没做过的外在行为的人，实际上也在帮助自己进行完善。因为这类人最起码具有足够的正义感、骄傲和虚荣心，可以避免他们做出自己严厉批判过的行为。而那些容忍他人的人则正是相反的情况，也就是说"我们渴望自由，同时也会给予别人这种自由"（贺拉斯语）。圣经的福音书中有一段美妙的教诲，说的是"只看见别人眼中有刺，却不想自己眼中有梁木"；但眼睛的本性就是看向外部的，本来就看不到自己，因此让我们认识自己缺点的一个有效的办法就是留意和挑剔他人的缺点。我们要通过镜子来完善自己。

对于写作文体和风格来说，这一点同样适用：如果赞赏而非批评一些新鲜的拙劣问题，那么人们就会效仿这种文风。因此，在德国每种蠢笨的文风都能迅速流行开来。每个人都能发现，德国人的容忍度很高。所以"我们渴望自由，同时也会给予别人这种自由"就成了德国人遵循的规则。

第三十二节

品性高贵的人在青年时代认为：人们之间首要的交往，以及通过这种交往产生的人际关系是理念性的。换言之，这些关系的基础是人们在气质、思维和兴趣方面的一致性。直到成年之后，他们才明白这些交往和关系是现实性的，也就是说它们的基础是某种物质利益。差不多所有的关系都部分地以此为基础。很多人甚至不知道还有别的类型的关系。因为这样，人们都习惯于通过一个人所拥有的职位、所做的生意、所属的民族和家庭来评价他。总而言之，人们关注的是这个人在世俗中所扮演的角色和所处的位置。因此，一个人就被贴上标签，被像商品一样对待。对于这个人的自身如何，从他的个人素质上来看他怎样，人们只是偶尔地、随意地提起来而已。人们根据各自不同的需要，往往对人的素质不闻不问或者视而不见。一个人的自身越是丰富，就越难以忍受世俗常规的安排，脱离世俗人群的愿望也就越强。世俗之所以做出这样的安排，原因在于：这个世界是贫穷而匮乏的，所以不论在任何地方，对付匮乏和需求的方法都是最重要的，所以压倒一切。

第三十三节

就像流通的货币不是真金白银而是纸钞一样，世界上流行的是努力做到真实和自然地表达尊敬和友好的表面态度，而非真心实意地尊重和友谊。但是，我们可以问问自己：又有什么人值得我们花费真金白银呢？无论如何，我认为人们的那些表面态度还不如一条诚实的狗摇尾示好更有价值。

真诚、不虚伪的友谊是以这点为前提的：用一种强烈的、完全客观的与利害关系无关的同情去对待朋友的不幸和苦难。这就表明我们与朋友之间能够真正地感同身受。但是，人的天性却与此互不相容，因此，真正的友谊就像巨大的海蛇一样，或者只是传说，或者存在于其他地方，我们根本不知道是什么。人们之间的许多关系都是以各种被隐藏起来的自私动机为基础的，但在这样的关系中有时也能找到一丁点真正的友谊。因此，人们就将之进行美化并大加推崇。这个世界充满了缺点，那么就有一定的理由将这些联系命名为友谊。它们比那些泛泛之交要强得多。后者是什么样的呢？我们一旦得知大部分朋友背后对我们的议论，就再也不想理他们了。

除了在需要朋友提供帮助和做出牺牲的情况以外，检验真正友谊的最好方法就是告诉他们我们遭遇了某种不幸。那一瞬间，他的脸上或者流露出真心的、纯粹的悲伤，或者表现出淡然的样子，或者表现出别的神情，后面两种情况都证明了拉罗什福科的名言："我们总能在我们最好的朋友遭遇的不幸中发现某种不会让我们不悦的东西。"在类似情况下，我们所谓的朋友的脸上甚至总会流露出一丝笑意。告知别人自己遭受了巨大的不幸，或者完全表露自己的个人缺点，是最能肯定地让别人心情愉悦的事。这个典型的例子反映出了人性。

虽然我们不愿意承认，但朋友之间距离太远或者长期不见面都会使友谊受损。如果很长时间不见面，就连我们最好的朋友也会在时间的流逝中逐渐变成抽象的概念；我们对他们的关心也因此越来越理性，甚至这种关系最终只成了一种惯性。反之，我们总是会对那些朝夕相处的人，就算是宠物，保持强烈的深刻的兴趣。人的本性是这样受到感官的控制。因此，歌德的话正能说明这种情况：

当下、此时是一个能力巨大的女神。

"Hausfreunde"① 这个词的意思非常精准，因为这类朋友与其说是户主的朋友，不如说更像是家庭、居所的朋友，所以，他们更像猫，而不是犬类。

朋友们都说自己是真诚的，实际上，真诚的是敌人。因此，我们应该把敌人的指责、批判当作逆耳忠言，并且通过这些更好地了解自己。

患难之交真的非常少见吗？正相反，只要我们和什么人做了朋友，他就患难并且向我们借钱了。

第三十四节

要是一个人误以为通过展示自己的智慧和思想就能获得人们的喜爱，那他肯定是个不懂得人情世故的年轻人！实际情况正与之相反：大部分人只会厌烦和憎恶那些表现出智慧和思想的人；而且以下原因还会使这种厌烦和憎恶增强：感到厌烦和憎恶的人想不到什么理由来抱怨这些情绪的原因，他们甚至不

---

① Hausfreunde：意味家庭或屋子里的朋友。

得不隐藏起这些原因，不让自己发觉。实际情况如下：要是一个人感觉到交谈对象在智力上具有优势，那么他就会认为：对方一定也察觉到了自己在智力上的不足。这是他在缺乏清楚认识的情况下暗自下的定论。这种简略的三段式推论激起了他强烈的愤怒和憎恨（参见《作为意志和表象的世界》第二卷第十九章——我在那里引用了约翰逊博士和歌德青年时代的朋友梅克的话），因此，格拉西安说得没错："只有用最蠢笨的动物的皮将自己裹起来，才能获得别人的喜爱。"表现出聪明才智就等于间接指出了他人的愚蠢和无能。而且，如果一个人本性庸俗，那么他在面对一个本性高尚的人时，就会产生抵触心理，而这种心理产生的原因就是忌妒。我们可以发现，最能够使人感到快乐的莫过于人的虚荣心，但是只有通过和别人进行比较才能获得虚荣心的满足。最值得一个人骄傲的实际上是他的精神思想素质，因为人相比于动物的优势就体现在这一方面。所以，如果一个人将这方面的优势体现出来，特别是在他人面前表现出来，就是十分冒失、无礼的。这样一来，人们就在刺激之下进行报复，抓住机会对这个冒犯者进行侮辱。因为通过侮辱他人就可以从思想智力的范畴来到意欲的领地，而每个人在意欲方面都是同等的。因此，财富和地位可以在社会上得到人们的尊敬和喜爱，但精神优势却永远无法得到这样的厚待。可能发生的最好的情况也不过就是精神思想优势被他人漠视；不然的话，精神思想方面的优势就会被看作无礼和冒犯，或者那些具有优越精神思想的人获得天赋的手段是不正当的，现在居然敢在此炫耀！正因为如此，大家暗自都希望用某种方式对这类人大加羞辱。人们都在等待机会下手。一个人哪怕是表现出最谦恭的态度，也无法让别人原谅他在精神思想方面的优势。萨迪在《玫瑰园》中说："我们应当明白：愚人与智者的厌恶要比智者对愚人的厌恶强烈一百倍。"与此相比，值得推崇的方法是表现出低劣的精神思想，因为就像对我们的身体来说温暖是很舒适的一样，对于我们的精神来说，感到优越也是很惬意的。所以，每个人都会按照天性接近能够让他获得优越感的东西，就像本能地靠近阳光或者炉火一样。那么，对于男人来讲，这种东西就是具有低劣的精神素质的人；对于女人来说，就是不如自己漂亮的人。诚然，需要下一番功夫才能向别人明白地展示自己的缺点。我们会发现：一个长得还可以的姑娘对一个长得丑陋的姑娘的欢迎是那么热情！虽然和一个比自己矮的人站在一起会比与一个比自己高的人站在一起更让人舒服，但男人的身体优势并不是最重要的。所以，通常来讲，在男人中，愚笨的人会受人喜爱，而在女人中，长得丑的人会更受欢迎。这些人轻易就能得到善良的美名，原因就是，人人都需要为自己的喜爱找一个借口，用来自欺和欺人。正因为如此，不管具有哪类精神思想优势，都会使自己被孤立。对于这类优势，人们都十分厌恶，避之不及。为了给这种做法找一个借口，人们就为这个具有杰出思想的人加上了许多缺点和恶行。对于女人来说相貌也有相同的影响。长得漂亮的女子永远都无法获得同性的友谊，甚至连普通的女伴都没有。她们尽量不要去申请做贵妇人的侍女，因为只要她们一出现，她们期待的新主人就会立刻沉下脸来——这些贵妇或者她们的女儿，可不需要这样的陪衬！与此相比，拥有优越地位的人所面临的情况则完全不同，因为优越的地位产生效果的方法并不是通过与他人对比而体现出差异，而是通过反射来完成的，好比四周环境中的色彩反射在我们脸上一样。

第三十五节

我们信任他人，告诉别人自己的秘密，通常是因为我们的懒惰、自私和虚荣。懒惰是我们宁可相信他人，而不愿自己去发现、观察，保持警惕；自私是因为想要谈论自己而告诉别人一些秘密；虚荣，是我们总是谈论令我们骄傲的事。尽管如此，我们还是希望他人给予我们对他们的信任以尊重。

不过，我们不应该为他人的不信任而愤怒，因为这种不信任体现了对真诚的尊重，也就是说，体现了这种真诚的观点：诚实非常罕见，所以，我们不得不怀疑是否真的有诚实。

第三十六节

中国人将礼貌作为最重要的美德，我在《伦理学的两个根本问题》一文中已经讨论过了保持礼貌的第一个原因；以下则是另一个原因。保持礼貌就是双方约定好保持缄默：对于彼此道德方面和智力方面的缺陷，我们都互相忽略而且不指责对方。这样就不容易暴露自己的缺陷，对双方都有益处。保持礼貌是十分聪明的，所以，不礼貌的言语和行为就是愚蠢的。用没有必要的无礼和随意态度对待他人因而与人结仇，就像把自己的房子用火烧掉一样疯狂。礼貌的言行就像假币一样，只有愚蠢的人才会小气、吝啬地使用假币，聪明人则会非常大方。每个民族的人在信件的最后都会写上"您卑下的仆人"。只有德国人不愿意用"仆人"这个词——原因在于，这肯定不是事实！然而，牺牲自己的利益来保持礼貌，这就不是支付假币，而是支付黄金了。蜡本身是坚硬、较脆的，但稍微加热后就会变软，可以任意捏成想要的形状。与此相同，就算有无数个执拗和充满敌意的人，运用礼貌和友好也可以让他们变得顺从随和。因此，礼貌对于人来说就像温暖对于蜡烛。

诚然，想要保持礼貌就必须对人们表示强烈的关注，但其实大部分人都不值得我们给予这样的关注，所以保持礼貌就变得很艰难。于是，我们不得不装作对别人充满兴趣，但实际上如果能不理他们，我们的心情会更好。需要极高的技巧才能够将礼貌和自傲结合在一起。

如果我们对自己的价值和尊严没有过分地关注，也没有因此而拥有不相配的高傲；而且清楚地明白每个人是如何在内心看待和评价他人的，那么，在受到别人的侮辱时我们就不会感到愤怒——侮辱就代表了对他人的轻视。大部分人对带有轻微责备意味的语言都很敏感，这种敏感与他们的朋友对他们的背后议论之间形成了多么鲜明的对比！我们要明白，常规的礼貌只不过是一副微笑的假面具罢了。因此，如果看到别人不时移动或者暂时收起面具的时候，我们千万不要感到惊讶。如果一个人表现得粗鲁、没有礼貌，那他就像脱光了衣服，赤身裸体地出现在人前。当然，在这种情况下，这个人会像大部分人一样表现得可怜而难堪。

第三十七节

我们不应该以他人为标准评判自己应该做的和不应该做的，因为每个人的处境、关系都不一样，而个性上的差异也会使人们对事情采取不同的处理方式。"两个人做一样的事，这件事就已经不一样了。"经过深入的思考之后，我们必须要用与自身个性相符的方法处理事情。因此，在处理具体事务时，我们必须拥有自己的独特观点，不然的话，我们的行为就会不符合我们的自身。

第三十八节

对于别人的观点我们不要进行反驳，而要知道，就算我们拥有玛土撒拉①的寿命，也不可能使一个人放弃他观点中的荒谬之处。此外，我们在和他人交谈时，不要想纠正别人，虽然我们的出发点是好的；原因在于，冒犯和得罪他人很容易，但是想要进行弥补却是很难的，甚至是不可能的。

---

① 玛土撒拉：《圣经》中的老祖宗，享年 969 岁。

如果我们无意中听到别人的谬论而感到气愤,我们就应该把这些话想象成喜剧中两个傻瓜的对话。这个事实很久以前就被证明过了:如果一个人来到人世间义正词严地在一些重大问题上教导人们,那么他能够全身而退就已经非常幸运了。

第三十九节

如果一个人想要让自己的观点获得别人的信任,就应该冷静地、语气平和地表达出自己的观点。因为一切激烈的情绪都是从意欲中产生的,所以如果情绪激烈地表达自己的观点,这一观点就会被人们看作意欲的产物,而非认识的结果,因为认识拥有冷静的本质。人身上的意欲是非常激烈的,而且占据了首要地位,而认识则是次一级和多余的,因此,人们会认为我们的观点来自激烈的意欲,而不相信意欲的激动是由判断引起的。

第四十节

哪怕我们有足够的理由自我称赞,但我们也不能在诱惑之下真的这么做。因为虚荣心是很常见的,而人的真实的才能却非常稀有，因此，如果我们表现得像在夸耀自己——就算是间接地夸耀——别人就会断定：我们是因为虚荣心才这么说的，而且由于缺乏常识而认识不到我们言语的可笑。但是，无论如何，培根的话①也有一定的道理。他的话不仅对造谣诬蔑适用，而且对自我称赞也适用。所以，他提议可以适当地夸奖一下自己。

第四十一节

要是我们对一个人有所怀疑，那么和他交谈的时候就应该假装对他的话深信不疑；因为这样他就会变得胆大妄为，有恃无恐地说谎，最后自己揭穿了自己。但是，如果我们发现这个人的言语透露出了一部分他隐藏起来的真实情况，那我们就应该假装不相信他的话。这样一来，他由于受到了抵抗的刺激，就会调出更多的真实情况来应战。

---

① 指："就像人们平常说的那样，人们大胆地造谣总会起到一点作用；与此相同，我们也可以这么说：如果我们勇敢地赞颂自己，而且这种赞颂并不完全羞耻、可笑的话，这种自我称赞也总会起到一定作用。"

第四十二节

我们一定要把个人私事当作秘密来守护。那些我们的朋友不能亲眼看到的事，我们就尽可能不要让他们知道。原因在于，随着时间和情况的改变，就算他们了解的是我们最完美无缺的事，也有可能给我们招致不幸。通常来讲，如果想要表达我们的观点，我们应该用没说出的言语，而不是说出的话来表达。选择前者是明智的，而选用后者则是由于虚荣心作怪。一般来说，使用这两者的机会我们都有，但为了得到当下的快感，我们通常会选择后一种方法，而舍弃了第一种方法所能带来的长久益处。我们还应该避免那些热情活泼的人喜欢使用的大声和自己说话来放松心情的方法，不要让这种做法成为习惯。因为一旦养成这种习惯，思想就会和说话密切相连。逐渐地，当我们和别人交谈时也会把自己的思想说出来，如果我们足够明智，就会拉开思想和说话之间的距离。

有时，我们会以为别人对我们的事情持怀疑态度，但实际上，别人根本还没有开始考虑这些事的真实性。但是，如果我们的所作所为让他们开始起疑心，那这些事就肯定无法取得他们的信任了。由于我们总是想象，有些事情别人不可能注意不到，所以常常自己暴露自己。这种情况就像站在高处的时候，由于感到晕眩，也是由于我们认定自己无法站稳，所以就从高空摔落。站在高空的感觉太难受了，所以还不如及早了断。这种错觉就是 Schwindel①。

从另一个角度说，我们却应该明白：一些人虽然在其他方面没有任何洞察力，却有可能非常擅长钻研他人的私事。他们只需要掌握一点线索，就能解决非常复杂的难题。比如，要是我们告诉他们一件往事，但是不想告诉他们当事人的名字和情况，那么就必须十分谨慎，避免透露任何具体的信息，不管是时间、地点、人名，还是间接与这件事相关的信息，虽然这些信息非常细微，也没有什么意义。那些专家如果得到了这些确切的信息，就能通过自己敏锐的洞察力将其他情况都全部调查清楚。在这一方面，这些人有着强烈的好奇心，意欲用这些来刺激和激发他们的智力，直至他们挖掘到了最细微、最冷僻的事实，这些人之所以会这样，是因为他们虽然对普遍的真理无法理解也不感兴趣，但对单个的真相却热情满满。

由于这一原因，那些传授处世之道的大师们都积极地通过各种论证来建议人们保持沉默寡言。所以，这一话题可以告一

---

① Schwindel：意味"头脑晕眩"。

段落了。但是，我还想再推荐给大家几句见解精妙又很少有人知道的阿拉伯谚语："所有不能让你的敌人知道的事，都不要告诉你的朋友。""要是保守一个秘密，那这个秘密就是我看管的囚徒；如果不小心说出了这个秘密，那我就成了这个秘密的囚徒。""沉默之树会长出安宁之果。"

第四十三节

我们让那笔被骗走的金钱花得十分值得，比任何其他钱花得都要值，因为我们用这些钱直接买回了聪明。

第四十四节

我们最好不要敌视他人，但却一定要注意并牢记每个人的行为表现，因为通过这些可以判断一个人的价值——最起码是对我们来说的价值，并且根据他的价值来确定对他应该采取的态度和行为。一定要牢记这一点：人的性格永远都无法更改。不管什么时候，忘掉一个人的劣根性就像把千辛万苦赚来的钱扔掉一样。这样一来，我们才能避免与人过度亲密或者建立愚蠢的友谊。

全部人生智慧的一半都包含在"没有爱也没有恨"这句话中；另一半智慧则包含在"不要说话也不要相信"中。不过，对于这样一个需要严格遵循这些规则的世界，我们当然是避之不及的。

第四十五节

通过言语或者表情来表达气氛和憎恨是没有任何用处的，既不聪明也很危险，而且还是可笑而庸俗的。因此，我们只能在行动上表示愤怒或憎恨。如果我们能够控制自己不用语言和表情来表达愤怒，那么就能更好地用行动来表达。只有冷血动物才是有毒的动物。

第四十六节

不要加重语气说话①，这条古老的世俗格言的目的在于，让别人通过理解力去发现我们话语的含义，因为普通人的理解力通常很迟钝，我们早在他们理解我们的意思之前，已经把话

————————

① 法国谚语。

说完了。但是，如果说话时加重语气的话，就相当于在借助对方的情感，这样一来就可能会适得其反。我们可以用礼貌的态度和友好的声调对很多人说出冒犯的话，同时又能避免直接的危险。

第四部分　我们对于命运和世事的发展所应抱持的态度

第四十七节

不管人生呈现出什么样貌，人生的构成要素都是一样的。因此，不管是在茅屋、宫殿，还是在军营、修道院中度过一生，人生说到底都是一样的。虽然遭遇、经历，获得的幸福或不幸各不相同，但生活就像糖果一样：虽然糖果的形状和颜色千差万别、多种多样，但都是由一样的糖浆构成的。两个人之间的遭遇和经历之间的相似程度，其实远比我们通过他人描述而认为的要高。人生中的各种事件就像万花筒里的景象一样，每次转动都能看到不一样的画面，但实际上，展现在我们眼前的是同一个万花筒。

第四十八节

一个古代作家曾经说过一句非常恳切的话：实际上有三种力：明智、力量和运气。我认为运气是非常重要的。可以把一生比作一条船的航程。运气——是顺是逆——就像航行中的风一样，既可以加速我们的航程，也可以把我们推向远离航线的地方；我们无论怎么努力和奋斗都无法改变。我们的努力和奋斗只起到船桨的作用。我们费尽心力使劲划了几个小时的桨，总算向前移动了一些，但这时突然袭来的强风就会让我们一下子退回原点。西班牙有一句谚语美妙地描述了强大的命运之力："愿您的儿子获得好运，然后把他扔向大海吧！"

然而，我们尽量不要听任命运的摆布，因为运气这种力量是邪恶而危险的。在所有赐予者中，只有一位赐予者是这样的：它赐予我们的时候，清楚地告诉我们：我们并没有必须得到这赐予之物的任何资格和权利，我们能够得到它们完全要对赐予者的仁慈感激涕零，而与我们的所作所为没有任何关系；我们只能以非常谦卑的姿态，满怀欣喜地期待得到更多的我们不配拥有的礼物。这位赐予者就是运气。它以一种帝王的派头和艺术让我们认清：我们的所有功劳和业绩在运气的恩赐面前都是徒劳无功的。

当我们回头审视自己的人生道路，从整体上回顾"像迷宫一样的犯错经历"和许多错失的幸福、遭遇的不幸时，我们很容易对自己求全责备。实际上，我们走过的人生道路并非完全是我们的所作所为决定的。而是由连续的外在事件和我们不断做出的决定这两种因素共同决定的。这两者互相纠缠、互相影响。此外，在上述两个方面，我们的视野都是非常狭隘的。我们不知道将会做出怎样的决定，更无法知道将有什么样的外在事件发生。我们知道的只有此时此刻发生的事和我们目前的计划。因此，我们随时都需要小心翼翼地调整前进方向。我们所能做的只有按照当下的情形做决定，希望这一决定更能够使我们离目标更近。一般来说，外在事件和我们的目标就像两股方向相反的力，这两股力之间形成的对角线就是我们的生活轨迹。泰伦斯曾说：人生就像掷骰子游戏，如果你对掷出的结果不满意，就只能使用技巧去改变命运发下来的骰子了。泰伦斯在这里所说的应该是类似十五字掷骰子游戏。说得再简单一点就是：命运负责洗牌和发牌，而我们只能出牌。以下比喻可以对这层意思做出很好的说明：人生就像一盘棋，我们计划好了每一步怎么走，但和我们下棋的对弈者——也就是生活中的运气——的意愿却决定了这盘棋具体如何走。一般情况下，我们制订的计划需要进行大规模的调整，这样一来，当计划到了实施的时候已经和以前完全不同了。

此外，我们的生命历程中有某种东西超越了这一切。我所说的是一个非常简单却久经证明的真理：大多数情况下，我们要比自己认为的更蠢，但在另一方面却比我们认为的更聪明。当事情已经过去很长时间之后，我们才会发现这个事实。我们自身拥有某种比头脑更聪明的东西。我们一生中所做出的重大决定和主要行为，所遵循的与其说是我们对错误的清楚认识，毋宁说是某种内在冲动——可以把它叫作本能，它是从我们本质的最深处产生的。事过境迁后，我们对自己行为的挑剔和批评，所依据的只是看起来很有道理，但实际上很牵强甚至是假借的概念，而且我们还用那些宽泛的规则和别人的经历来进行对比。我们没有思考过这条格言："没有一条能够随时随地都适用的规律。"我们很容易对自己不公正，但事情的真相总会大白。只有幸运地活到高龄的人才能够对自己一生中的功过是非进行主观和客观的评判。

也许，梦境在不知不觉中影响了我们的内在冲动，这些梦包含着某些预示，只不过醒来时就被我们遗忘了，但梦使我们的生命保持了一定程度的协调和统一——而这些是大脑意识无法提供给我们的，因为大脑意识是犹豫不决、经常犯错的。用一个比喻来说明睡梦的作用，一个天生注定要做出一番伟大事业的人，从年轻的时候开始就已经在内心中暗暗地感觉到了这种未来。于是，他就像忙碌筑巢的工蜂一样努力实践自己的使命。在每一个人那里，就是格拉西安所说的"La Gran sindéresis"，也就是本能对自我的巨大保护。一个人如果失去了它就会不可避免地毁灭。需要通过大量练习才能够按照抽象原则来处理事情，而且，也不能保证次次成功。抽象原则通常不够充分。与此相比，每个人都拥有某种天生的具体原则，它暗含在人的骨血之中，它是人的全部思想感情和意愿产生的结果。人们对这些原则的认识并不是通过抽象的思想，而是只有在对自己的一生进行回顾时，才能发现实际上我们的行为每时每刻遵循着自己的原则，这些原则就像看不见的线一样操控着我们。每个人都有自己各不相同的原则。这些原则将人们各自引入了幸福或不幸的道路。

第四十九节

我们千万不能忘记时间的作用，以及事物转瞬即逝的本质。因此，我们看到所有正在发生的事时，就要立刻清楚地想到它的反面。也就是，在富贵时想到困顿和不幸，从友谊中想到反目成仇，在天气晴好时想到风雨交加，从爱想到恨，从信任、问心无愧想到背叛、心怀愧疚等，反之亦然。这样一来，由于我们遇到所有事都会进行深刻的思考，不容易上当受骗，所以我们真正的人世智慧就得到了永久的增长。通常来说，我们可以由此估算出时间所带来的影响。然而，想要获得对事物变化万千的本质的正确认识，比起掌握其他知识来，更需要经验，由于某一状态或条件在它存在的时间内是必然的、绝对合理的，所以，每一年、每一月、每一日的存在都显得拥有充足的理由和权利获得永恒。但实际上，不论什么事物都无法保存这种权利，只有变化才是永恒的。一个有智慧的人是不会被事物永恒不变的外表所蒙蔽的，他甚至可以预计到事情将来的发展方向。然而，通常来说，普通人却认为事物目前的状态或发展方向是永远不会改变的。原因在于，普通人只能看到事物的结果，但不清楚这些结果所从出的原因，而这些原因中就包含了导致未来变化的因素。但是普通人能看到的结果却不包含这些因素。人们死死守护着现在的结果，还以为他们没看到的、这结果所从出的原因仍然会持续不变。但是，普通人有一个优势，那就是他们在犯错时是行动一致的。所以，当他们犯错或遭受不幸时，那么这种不幸就普遍降临到了众人头上。但是，如果一个思想家犯错，他却只能独自承担苦果。在这里，顺便可以证实我以前提到的一条原则，亦即谬误总是在通过结果推导原因的过程中产生的（参见《作为意志和表象的世界》第一卷第十五章）。

　　然而，我们通过事物的结果预测未来之事的行为只能在理论上进行，而不是在现实生活中要求时间提前给予我们未来的东西。如果有人真这么做的话，那他就会发现时间是最严厉、最苛刻的高利贷主。我们要是强硬地从时间那里预支，那么需要付给时间的利息要比付给任何犹太高利贷主的都要高。比如，用生石灰和温度，可以使一棵树加速成长，几天之内就开花结果；但是，这棵树很快就会死亡。如果一个男人想在年轻时就进行一个成年男人才能完成的生殖工作——哪怕只是几个星期——十几岁的时候就去做他三十岁时可以很容易完成的工作，那么时间可以借贷给他，但他所要支付的利息就是他日后一生中的大部分精力，甚至一部分生命。我们所患的许多疾病都能够痊愈，前提是我们让这些疾病顺其自然地发展，之后这些疾病就会自己消失，不会留下任何后遗症。但是，如果我们想要立刻恢复健康，那时间也只能给我们预支：病痛消失了，但我们要付出的利息是身体的虚弱和日后的人生中反复发作的疾病。爆发战争或者国内形势动乱时，我们即时需要金钱，所以不得不以正常价格的三分之一，甚至更低的价格把土地和政府公债卖掉。但实际上，如果我们肯付出时间等待事情发展的话，那我们就可以以全价售出我们的财产。然而，我们却迫使时间给我们预支。抑或，我们想去长途旅行所以急需一笔钱，如果用一两年的时间就可以通过我们的收入凑够所需的欠款，但我们却不想等那么久，所以我们向别人借钱或者提取了自己的本金，亦即时间给了我们贷款。这样一来，我们的账目就会被支付利息弄乱，可能永远没办法摆脱赤字的困扰，这就是时间给我们的高利贷。所有急切而不愿意等待的人都是它的受害者。想要迫使正常、适中地行进着的时间加快脚步，需要付出高昂的代价。因此，我们一定要避免欠下时间巨额的高利贷。

第五十节

在日常生活中，庸人和智者之间最大的差异就在于在思考是否有可能出现危险时，庸人只提出而且只思考一个问题：以前是否发生过类似的危险，智者却考虑什么事情有可能会发生，而且牢记这句西班牙谚语："一年之内都没有发生的事有可能几分钟之内就会发生。"当然，这两类人提到的问题不一样是很正常的，因为需要洞察力才能为将来做打算，而只需要感官就能了解已经发生的事。

但我们应该以这句话为格言：为邪恶之神而做出的牺牲是

不能逃避的。换言之，为了减少不幸发生的可能，我们就必须花费时间、人力、金钱，忍受烦琐和不便，并且减少自己的需求。我们牺牲的越多，发生不幸的可能性就越小、离我们越远。在这方面，购买保险就是一个很好的例子。这是众生供奉给邪恶之神的牺牲。

第五十一节

我们最好不要为某件事过喜过悲，首先，这是因为万事都在改变，其次还因为我们对有利和不利之事物的判断是虚假的。因此，差不多每个人都曾为了一件事而悲伤难耐，但后来这件事却被证明是一件大好事。又或者，那些曾经让我们欢欣鼓舞的事，后来却使我们痛苦万分。莎士比亚的优美诗句表达了与我建议的心态相同的意思：

> 我已经尝惯人世的悲欢苦乐，
> 因此不论什么突如其来的事变，
> 也不能使我软下心来，
> 流泪哭泣。

——《终成眷属》第三幕，第二场

通常来讲，如果一个人在遭受不幸和灾祸时，能够沉着镇定的话，那就说明他深知人生中会遭遇无数巨大的灾祸；因此，他认为自己的遭遇不过是万千苦难中微不足道的一个而已。这与斯多葛派哲学提倡的心态相同：永远不要"忘记人类的自身条件"，而要时刻铭记人的生存大体而言是一种可悲可怜的宿命，它会遭遇无数灾祸和不幸。只要观察一下周围就可以重新体会这一观点：不论我们在什么地方，都能看到人们在与那悲惨、匮乏和徒劳的生存奋力拼搏，充满苦难。因此，我们应该对我们的期望和要求加以节制和缩减，在遇到的事或所处的环境不如意时，要学会接受和适应，随时随地小心避免不幸和灾祸。原因在于，各种各样的不幸是组成我们生活的一部分，我们要时刻铭记这一点。所以，我们不要像一个永不满足的人一样绷着脸，或者和巴里斯福德①一起，为人生中随处随时可见的苦难哀叹；更不应该"因为每一只虱子的叮咬而祈求神灵"。与此相反，我们应该小心谨慎地估算到和避开可能的危险，无论这种危险来源自人还是事。在这方面，我们一定要竭尽全力，精益求精，就像一只机敏的狐狸一样避开各种各样的灾难（一般来说，小灾难只是伪装过的小小不便罢了）。

---

　　① 巴里斯福德：两卷本《人类的苦难》（1800）的作者。

我们如果最初就确定不幸会随时发生，而且，像人们说的那样，已经做好了准备，那么忍受灾难就会变得更容易一些。原因主要在于：不幸还没有发生的时候，如果我们镇定地认为它是有可能发生的，那么我们就可以事先从各个方面把不幸的程度和范围考虑清楚，这样一来，最起码它就是清晰的和有限度的。当不幸真正来临的时候，我们就不会受到过大的影响。但是，如果我们做不到这样，而是在没有任何准备的情况下突然遭遇灾祸，那么被吓到的头脑在最开始就无法准确判断突如其来的灾祸的程度和范围，由于自己没有准确的判断，这一灾祸就显得难以估计，至少会显得比实际情况更严重。难以估计和模糊不清都会使危险看起来比实际情况更严重。当然，如果我们认为不幸是有可能发生的，那我们也会预先思考能够获得的帮助和可以补救的方法；或者最起码我们的头脑已经对灾祸的表象习以为常了。

　　想要沉着冷静地接受我们遭受的不幸和灾祸，最好的方法就是相信这一真理："发生的各种各样的事情，都是必然发生的。"我在获奖论文《意欲的自由》中通过最基本的根据推断出了这一真理。那么，人们就能尽快接受那些不可避免的必然会发生的事。如果人们了解了这一真理，那么就能将发生的所有事情，哪怕是那些由偶然的变故引发的最稀奇的事，都当作必然会发生的事；它们与那些按照最普遍的规律，并完全在意料之中发生的事情没什么不同。可以看一看我的《作为意志和表象的世界》第一卷第五十五章，我在那里已经说过，如果理解了事情的发生是不可避免和必然的这一真理，那么我们的内心就会获得慰藉。如果一个人对这一真理有了彻底的、深入的认识，那么他就会先自己尽量努力，而且也心甘情愿地忍受自己不得不忍受的苦难。

我们可以把那些细小的、时刻干扰我们的小小灾难用来自我练习和锻炼，那么我们最起码就不会在安逸中丧失了承受巨大灾祸的能力。对于那些在日常交往中遇到的细小的困扰，别人傲慢的态度和不当的行为，他人微不足道的冒犯——我们应该像长角的西格弗里德①一样，也就是说，要无动于衷，更不要投入过多的关注。我们应该把这些东西看作前进道路上的小石块，不为所动地把它们踢开。对于那些鸡毛蒜皮的小事，我们不需要认真回想和考虑。

---

① 西格弗里德：德国 13 世纪初民间史诗《尼伯龙根之歌》中的英雄。

第五十二节

但是，被人们通称为命运的事却往往是自己办的蠢事。所以，我们可以谨记荷马的《伊利亚特》中二十三节的一段话。荷马为我们指出了一种很明智的反省方法。如果说，人们的恶行会在来世遭到报应，那么人们的蠢行则会遭到现世报，虽然我们有时候会得到一定的赦免。

人的狡猾才是最危险和最恐怖的东西，而非暴怒。的确，与狮子的利爪比起来，人的头脑才是更厉害的武器。

真正世故圆滑的人，做事的时候是不会优柔寡断、犹豫不定的，也不会急匆匆地行动。

第五十三节

勇气对于我们的幸福而言是非常重要的素质，其重要性仅次于聪明才智。当然，这两种素质我们都是无法自己获取的，勇气来自父亲，而聪明则来自母亲，然而，无论我们所具有的这两种素质是什么程度的，经过努力练习都能够获得提升。在这个世界中"一切都是由铁质的骰子决定的"①，所以我们需要钢铁般的意志作为盔甲和武器来承受命运、应对他人。原因在于人生就是一场战争。我们每走一步都有可能发生争斗。伏尔泰说得没错："人生在世，我们只有带剑前行才能够获得成功；当我们去世时，武器仍然紧紧握在手中。"所以，如果一个人看到乌云出现在天空或者地平线上，就感到灰心丧气，不断抱怨，那么他就是一个胆怯而懦弱的人。我们应该以这句话为格言："面对邪恶不要退却，而应该英勇无畏地与它对峙。"（维吉尔语）

哪怕这件事情有危险，但只要它的结局仍然没有成为定论，只要还有可能使结局变得更好，我们就不能胆怯和犹豫，而应该奋勇斗争，就像只要能看到一小块蓝天，就不能对天气绝望一样。确实，我们应该这样宣称："就算天塌下来变成一片废墟，他的脸色也不会有丝毫变化。"

不用说生命中的各种美好，哪怕是整个生命，也不值得我们为它这样地担惊受怕：

因此，他勇敢地生活，无畏地应对命运的打击。

——贺拉斯

---

① 席勒《战役》一诗开篇之句。

但是，这些有可能过犹不及：勇气可能导致冒进放肆。对于我们在世上的生存来说，一定程度的腼腆和畏惧是必不可少的，畏惧超过一定的限度才成了懦弱。培根对畏惧进行的语源学的解释令人赞赏，这一解释要比流传下来的普卢塔克的说法更深入。他的解释是从"潘"——拟人化的大自然——中引发出来的。他认为：所有生物由于事物的本性都具有畏惧之心，畏惧使他们能够更好地躲避灾难，从而保护生命。但是，这种本性却没有节制，总是将没有意义的恐惧和有益的恐惧混杂在一起，一切生物（如果能够看透它的内心），特别是人类的内心中被这种大自然共同拥有的恐惧充满了。此外，这种大自然共有的恐惧有一个典型特征，那就是它并不清楚这种恐惧产生的根源，而更多的只是一种假设。确实，无可奈何的时候，恐惧自身就成了恐惧的理由。

第六章

人 生 的 各 个 阶 段

———— ❧❧❧❧❧ ————

伏尔泰曾经说过这样精妙的话语：

如果一个人缺少符合他年龄的神韵，

那么他就会拥有他那个年龄特有的各种不幸。

所以，在我们探讨幸福问题的最后部分，很适合考察一下
人生各个阶段给我们带来的变化。我们在一生中都只活在此刻
当下。不同阶段的此刻当下之间的差别在于：生命初始，我们
面对的是遥远的未来；但当走到生命的终点时，我们看到的却
是身后那漫长的过去。虽然我们的性格并没有改变，但我们的

心境却有了明显的变化。不同阶段的"此刻当下"因此具有了不同的色调。

童 年 期

我已经在《作为意志和表象的世界》第二卷第三十一章中详细论述了以下事实：童年时期，我们的状态是认知大于意欲。正因为如此，在最开始的四分之一的生命中，我们得以享受快乐。童年时期过去之后，留在我们身后的是一段天堂般美好的回忆。童年时代，我们的关系很窄，需要的也很少，亦即，我们很少受到意欲的影响，我们生命的大部分精力都用于认知活动了。人的大脑在七岁时就已经长到了最大，智力也很早就发育了，虽然这时还没有成熟。但是，童年时期，它却在全新的世界中不断地汲取养料。童年时期世界中的一切都新鲜而富有魅力。因此，我们的童年时代就像一首不间断的诗歌，因为，就像其他艺术一样，诗歌的本质就是从每一个单一事物中领悟它的柏拉图式的理念，亦即，掌握这个单一事物最根本的，所以也就是这类事物所共有的特征；每个单一事物都以这种特点代表了一类事物，一以类千。虽然现在看来，我们在童年时期好像一直关注某一个别事物或事件——甚至只有当我们当下的意欲受到某一事件的刺激时，我们才对它表示关注。但是，实际上事实并非如此。原因在于，我们眼前的童年时代的生活——在这个词全部的、完整的意义上来说——是那样新奇而活灵活现，我们对于生活的印象并未因多次重复而变得混沌不清；而且童年时期，我们在进行活动时并不知道自己的目的，只是默默地通过单一场景和单一事件来认识生活的本质，真我生活的基本形态。就像斯宾诺莎说的，我们"从永恒的角度观看人和事"。我们年龄越小，所看到的单一事物就越是能够代表这类事物的整体。但是随着年龄的增长，这种情况就会逐渐减弱。正因为如此，年轻时对事物的印象与年老时对事物的印象之间差异巨大。所以，我们日后所有认识和经验的固定典型和类别都是由童年以及青年时期接触到的事物以及由此掌握的经验构成的。日后人生中的认识和经验都会被归入已有的类别，虽然我们并不总是有意识这样做的。所以，我们的世界观是深刻或是肤浅，在童年时期就已经决定了。日后，我们的世界观会不断地扩展和完善，但其本质是固定不变的。从这种完全客观的，所以也是诗意的角度来看——这是童年时代的特征，这一特征是因为意欲在当时还没有发挥出它全部的作用——因此，我们在孩童时的认知活动远远超过意欲活动。所以，很多孩子都具有直观而认真的目光。拉斐尔在描绘天使形象的时候，特别是在西斯廷圣母中的天使像中，就巧妙地使用了这种目光。这就是我们的童年时代充满了快乐，我们对童年的回忆总是充满眷恋的原因。我们在非常认真地投入于第一次直观认识事物之时，教育也在向我们传授各种概念知识。然而，对于事物真正本质的认识——这正是知识的真正内容——并不能从概念知识中获得，而是存在于我们对这个世界所进行的直观把握中。但是，任何教育灌输都没办法给予我们这样的直观认识，而只能通过我们自身获得。所以，我们的智力，就像我们的道德一样，并非来自外部，而是来自我们自身的本质深处。任何一位教育家都无法将一个天生的笨蛋培养成一个聪慧的人，永远都不行！如果一个人生来就是一个笨蛋，那么到死也还是一个笨蛋。我们对外在世界的最初的直观认识非常深刻，这也是我们的童年环境和经历会留给我们很深刻的记忆的原因。我们非常专注于周围的环境，什么事都不能把我们的注意力移开；我们认为眼前的事物就是这一类事物中的唯一一个，好像世界上就只有它们一样。日后，我们才懂得世界上还有很多其他事物，因此我们失去了勇气和耐心。我在《作为意志和表象的世界》的第三百七十二页已经说明：任何事物在作为客体，也就是单纯作为表象而存在时，全部都是充满喜悦的；但是如果这些事物作为主体，也就是在意欲中存在时，却都变得令人痛苦和悲哀了。在此处，如果读者回想一下我的这一说法，那么就能理解可以用下面这句话对上述观点进行概括：所有事物在被观照时都是愉快的，但当变成具体存在时，却是可怕的。根据以上观点，童年时期，我们对事物的认识更多的是从观照的角度，而不是从存在的角度进行的，亦即，我们了解的事物是作为表象、客体的，而不是作为意欲的。因为我们只能看到令人愉快的前者，而看不到令人痛苦的后者，所以，我们年轻的头脑就把现实和艺术表现出的各种形式当作令人愉快的东西，我们就会认为：这些东西显现出的是那么好，那它们具体的存在一定会更好。所以，世界在我们眼中就像伊甸园一样美好；我们诞生之处就像阿卡甸高原一样。之后，我们在日后的生活中产生了对现实生活的渴望，我们急急忙忙地去做事和受苦，这样一来，我们就被裹挟进了喧闹嘈杂的人生。在纷纷扰扰的世上生活之后，我们才逐渐认识了事物的另一面，也就是其存在的一面、意欲的一面；我们的每一个行为都受到了意欲的控制。此后，我们逐渐感到了一种巨大的幻灭感。之后我们就能够说：幻想时代到此结束了。但是，这种幻灭感会越来越强，越来越深入和彻底。因此，我们可以说：童年时期的生活呈现出的形象，就像是从远处看到的舞台布景；而老年时期，我们则是走到了离这同一台布景最近的距离进行观察。

最后，我们在童年时之所以会感到幸福的原因还有：初春的树叶都有着差不多一样的颜色和形状，与此相同，我们在年幼时彼此之间也十分相似，所以和谐一致。但是，到了青春期时，个体之间就出现了差异和分歧，这个道理和圆规的半径越大，划出的圆就越大是一样的。

青 年 期

我们前半生的最后阶段，也就是青年时代，拥有的优势要比后半生多很多，但是在青年时期，我们对幸福的追求反而成为对我们造成困扰、为我们带来不幸的原因。我们坚守这一假设：在生活中可以获得幸福。因此，我们的希望一个接一个地落空，因而产生了不满情绪。我们期望得到的形象模糊的幸福在我们眼前变幻出各种各样魔幻的图景，而我们则在不停地追逐这些图景的原型，然而只能是徒劳。所以，在青春时期，不管我们处在什么样的环境和状态之中，我们都会感到不满意。原因在于，我们刚刚了解到人生的虚无和可悲——我们之前所期待的可是完全不同于此的生活——这种虚无和可悲是无处不在的，但我们却以为我们的环境和状况是罪魁祸首。如果人们在青年时代能够及时得到教导，从而消除这个谬误，也就是误以为：在这个世界上我们可以尽情收获，所以就能获得很多好处。但事实却与此相反。早年间，我们是通过诗歌和小说来认识生活的，而不是通过现实。我们处于旭日初升般的青年时期时，我们看到的是诗歌和小说中描绘的景象；我们有着强烈的渴望，迫切盼望那些景象变为现实，急不可待地想要抓住空中的彩虹。年轻人希望他们的人生能够像一部充满趣味的小说一样，因此他们也就获得了失望。我在《作为意志和表象的世界》第二卷第三百七十四页中也已经说明了这一点。那些图景之所以这样迷人，原因正是这些并不真实，而只是单纯的图像罢了。所以，当我们对其进行观照时，我们的状态是宁静而自足的，只是单纯的认知。如果想要使这些图像全部实现，就表明必须投入于意欲中，而意欲活动必然会导致痛苦。有兴趣了解这一点的读者可以参考上述著作的第四百二十七页。

所以，如果说人的前半生是以苦苦寻求幸福而无法满足为特点，那么，人的后半生则以对遭遇灾祸的恐惧和担忧为特点。原因在于，到了后半生，我们或多或少都了解到：一切幸福都是虚假的，只有痛苦才是真实的。所以，这时我们只想努力获得一种没有痛苦和烦扰的状态，而不是追求快乐和愉悦，最起码具有理性的人是这样的。当我年轻时，每当传来敲门声，我就会感到开心，因为我认为："幸福来敲门了。"但以后的日子中，相同的情况发生后，我却变得有些害怕："灾祸终于降临了。"普罗大众中有一类卓尔不群的杰出人物，既然他们是这样，那么就并不真正属于普罗大众，而是遗世而独立。所以，他们以自己程度不同的优势，对生活大多只感受到两种完全相反的感觉：青年时期，他们觉得人群遗弃了自己；成年之后，却觉得自己逃离了人群。前一种情况令人不悦，因为他们还没有真正认识人生；后一种情况却让人感到愉悦，因为他们已经对人生有了清楚的认识。这样一来，就产生了这样的结果：后半段人生，就像乐曲中的后半部分一样，与前半段相比奋斗和追求减少了，安宁和平和却增加了。原因主要在于人们在年轻时总认为：这个世界到处都能获得幸福和快乐，人们的痛苦只不过是因为找不到获得它们的方法和途径而已；但在老年时代，人们就明白了，这个世上根本就没有什么幸福和快乐，所以他们能够心满意足地享受着勉强过得下去的现状，甚至能够从凡俗生活中觅得乐趣。

一个成熟的人能够通过自己的生活经验来消除偏见，解放思想；由此，他会发现世界与他小时候和年轻时看到的截然不同。我开始用朴素、客观的态度观察和对待事物。但是，对于少儿和青年来说，他们对世界的认识，是一幅由头脑中稀奇古怪的想象、念头以及先入为主的流行观点一起组成的歪曲不实的幻象。因此，人生经验的首要任务，就是消除那些在青年时期就在我们头脑中生根发芽的幻想和虚假概念；但是想要使青年人远离这些是非常难的。只有最理想的教育才能完成这一任务，虽然这种教育必须是否定的。想要完成这个任务，必须最初就将儿童的视野限制在一个尽量狭窄的范围内。在这个范围之中，让他了解清晰、正确的概念；只有当他对这一范围之内的事物都有了正确的认识之后，才能慢慢地扩大这一范围。同时，还要随时小心避免不够清晰、不够透彻、不够准确的认识进入他们的头脑。这样一来，他对事物和人际关系的理解就是非常狭隘的，但却是很朴素的。正因为如此，他们就会得到清晰而正确的认识。只需要不断地拓宽这些认识，并且不断地进行修正和勘误。这种教育要一直延续到青年时代。在进行这种教育时，千万不能读小说，而只能读适合的人物传记，例如富兰克林传记、莫利茨所著的《安东·赖斯》等。

我们年轻时错误地认为，生活中那些重要人物的出现以及重大事件的发生都会有盛大的场面。然而，年老之后，通过对生活的回顾和思索，我们明白了，这些人和事都是默默地、无意间从后门走进我们生活中的。

根据上述探讨，我们还可以把生活比作一幅刺绣作品：在人生前半段时，我们看到的是刺绣的正面，而后半段时，看到的却是它的背面。刺绣作品的背面并不精美，但却能使人受益，因为可以从中看出刺绣的整体针法。

只有在四十岁之后，一个人超凡的智慧，哪怕是最伟大的精神智力才能够在言谈中体现出优势，杰出的精神智力在许多方面都要胜过成熟的年龄和丰富的经验，但前者却始终无法取代后者。许多平凡之人能够凭借年龄和经验与具有卓越精神智力的人保持某种平衡，如果后者还年轻的话。这种情况只是针对个人来说，而不包括其创作的作品。

每一个卓越之人，只要他不属于那占人口总数六分之五，被大自然所薄待的人群，那么当他年过四十之后，通常对人会产生某种程度的憎恶。因为，他会通过自己对他人进行评判，从而对人感到失望。他发现，人们不管是在思想（脑）还是在情感（心）方面，甚至很多时候同时在这两方面，都处于远远低于他的水平线上。因此，他不想和这些人打交道，因为通常来讲，一个人的内在价值决定了他喜爱或者憎恶独处，也就是自己和自己做伴。康德在《判断力批判》第一部分第二十九章的概言中也说到了这种对人的憎恶。

一个人如果在年轻时就学会了察言观色，长于待人接物；所以，能够驾轻就熟地处理社会上的人际关系，那么对于智力和道德来说，这可不是一个好现象，因为它说明这个人是一个平庸之辈。但是，如果一个年轻人在处理这类人际关系时，举动显示出惊讶、疑惑、笨拙和颠三倒四，反而说明他所具有的素质更高。

我们之所以在青年时代心中充满喜悦和生活的勇气，原因之一是我们正在走上山的道路，还没有看到处于山的另一面山脚下的死亡。当我们翻过了山顶，才真正望到了死亡。而此前，我们对死亡的了解都是道听途说而已。此时，我们的生命活力开始甩脱，同时生活的勇气也减弱了。这时，压抑、严肃的表情取代了年少轻狂、目空一切的神情，并且深深刻在了我们脸上。我们年轻的时候，无论人们如何教导我们，我们仍然会认为生活是无穷无尽的，所以肆意挥霍时间。当我们年龄渐长，就越来越懂得珍惜时间的重要性。老年时，对于我们来说，每过一天就像死囚又向绞刑架走近了一步。

从年轻人的角度来观察，生活就是没有尽头的未来；但是从老年人的角度来看的话，生活就成了短暂的过去。生活在人生的初始阶段所呈现出的形象，就像我们把看歌剧的望远镜倒过来看一样；而在人生的结尾处，我们则是用一般的方式来使用这台望远镜。只有一个人生活了足够长的时间之后，也就是当他年老时，才会懂得生活极其短暂。对于年轻人来说，时间的行进速度是很慢的，所以，在最初的四分之一的生命中，我们不仅非常快乐，而且还觉得时间最为悠远。因此，这段时间给我们留下了最多的记忆；在需要的情况下，一个人对这段时间的事情的讲述要比对中老年期的事情的讲述多得多。好比一年中春季的日子是悠长而烦闷的，生命的春天的日子也一样漫长而令人烦躁。但一年中和一生中的秋天，时光却很短暂，但是更加晴朗而缺少变化。

当生命快要走到终点时，我们根本不清楚生命都去哪儿了。为什么人在老年时代回顾人生之时，会觉得生命是那么短暂呢？原因在于，生活给我们留下的回忆很少，所以就显得很短暂。很多不重要和不开心的事都被我们的记忆排除掉了，所以，我们记忆中保存下来的事寥寥无几。我们的智力是不完美的，我们的记忆也与之相同。学过的东西需要复习，过去的事需要回忆，这样才不会将它们渐渐遗忘。然而，我们不会故意回想那些不重要的事，更不会追忆不快乐的事。而必须通过追忆和回想，才能记住这两者。首先，不重要的事情总会越来越多，原因在于很多事只是在最初看起来是有意义的，但是经过多次重复，就慢慢失去了意义。所以，我们能记得的只是早年时光，而之后的时光却被慢慢遗忘了。我们活得越久，值得我们去追忆的有意义的和重要的事情就越少。但如果想要记住它们，追忆是唯一可行的方法。因此，如果一件事过去了，我们就将它遗忘了。时间就这样飞逝而过，没有留下任何痕迹。其次，我们也不想回想那些不愉快的事，特别是使我们的虚荣心受伤的事。大部分令人不愉快的事都与虚荣心受伤有关，因为我们要对大部分自己遭受的麻烦事负责。所以我们就遗忘了很多令人不快的事。我们的回忆就是被这些不重要的事和不愉快的事缩短了。回忆的材料越多，回忆就越少。就像人们乘船驶出海岸越远，岸上的景物就变得越少、越难认出一样，我们过去的时光和经历的事件也是同样的情况。有时，那些尘封已久的往事通过我们回忆和想象又生动地展现在了我们面前，就好像昨天才发生的一样，和我们离得那么近。这是因为从这件事发生时到今天为止的中间那段时光被我们遗忘了。这段时间没办法变成清晰的图像让我们看到，而且，这段时间里发生的事大多也已经被我们遗忘了。这些事件对我们来说只是一种大致的抽象认识，也就是单纯的概念，而非直观认识。正因为如此，那件历时久远的事情才显得近在咫尺，好像昨天才发生的一样，而其他的时间已经无影无踪了。人的生命短暂得超乎人们的想象。一个人到了老年时代，那些已经经历的漫长时光，还有自己的晚年，在某个瞬间竟然显得是那样虚幻不实。原因主要在于，我们最先看到的是发生在眼前的此刻当下。这样的内心感受基于这样一个事实：是我们存在的现象，而不是我们的存在本身依赖于时间；此刻当下是主体和客体的连接点。青年时在展望未来的时候，我们为什么会觉得生活漫长无尽？原因就在于年轻人需要一个空间来安置他们无尽的期望，要是想把这些期望全部实现的话，一个人就算活玛土撒拉那么久也是不够的。此外，年轻人对未来的计算是以自己度过的短暂年月为根据的；这些过去的日子充满了回忆，所以显得悠长。在过去的时光中，由于事物是新奇的，所以充满了意义。因此，日后的生命里，人们总是在不断地追忆和回味这些时光。青年时代的日子就这样深深刻在了我们的记忆中。

有时，我们认为自己在怀念某个遥远的地方，但实际上，我们所怀念的只是我们在年轻而充满活力时在那里度过的时光。我们被伪装成空间的时间欺骗了，只要再旧地重游我们就能知道自己上当了。

想要获得长寿，一个健康无恙的身体是必不可少的条件。此外，还有两种方法可以达到这一目的，可以用燃烧方式不同的油灯来打比方：一盏油灯的灯油不多，但是有着很细的灯芯，它燃烧的时间就比较久；而另一盏油灯虽然灯芯很粗，但灯油也很多，所以也能燃烧比较长的时间。此处，灯油就相当于一个人的生命力，灯芯则是各种方式对生命力的消耗和挥霍。

对于生命力这方面来说，我们在三十六岁之前就像靠利息生活的人：今天花的钱明天就赚回来了。但是，一过三十六岁，我们就像开始依赖本金生活的人。这种情况刚开始出现时并不明显，花掉的钱大多又能赚回来，微小的财政赤字不会引人关注。但是赤字变得越来越大、越来越明显，而且增长速度也越来越快，情况越来越糟糕，而且没有任何办法能够阻止它的发展。本金越来越快地被消耗掉，势头就像自由落体一样。最后，钱财总会耗尽。这个比喻的双方——生命和财产——如果真的日益消耗的话，情况是非常凄惨可悲的。所以，人在变老时，对财富的执着和渴望就会越来越强烈。与此相比，人从出生到成年，直到成年后的一段时间内，在生命方面，我们就像把利息存进本金，花掉的利息不但会赚回来，本金也在逐渐增多。如果我们能有一个富有经验的理财顾问来帮忙的话，我们的财产也能产生这样的效果。年轻时是多么幸福！年老时又是多么可悲啊！虽然这样，年轻人也应该珍惜自己的青春活力。亚里士多德发现：同时在青年期和成年期都获得奥林匹克冠军的人是极少的。原因在于，他们在早年间的刻苦训练将他们的生命力都消耗了，成年之后，他们的力量就不足了。肌肉力量如此，神经活力也一样，而神经活力的外在表现则是智力成就。所以，过早便显出智慧的神童就像温室中的果实，他在儿童时期使人惊叹，但日后就变成了思想平庸的人。甚至很多博学的人，早年间为了学习古老语言而将脑力消耗掉了，所以往后的生活中，他们的思想变得僵化、麻木，缺少判断力。

前面已经说过，一个人的性格会和他人生的某一个阶段相符合。于是，当这一特定的人生阶段来临时，他就会表现出最好的样子。一些人在年轻时受人欢迎，但随着年龄的增长，这种情况也就逐渐消失了；一些人中年时精力充沛、才干过人，但年老之后就一无是处了；也有很多人在老年时才表现出自己最好的样子，他们温和宽容，因为这一时期他们拥有丰富的人生经验，在为人处世时更加镇定自如。很多法国人都是这样的。这些情况的原因在于人的性格本身具有青年、中年或老年时期所特有的气质特征，与特定的人生阶段相符，抑或，可以修正或调整某一人生阶段。

就像一个坐在船上的人，只有通过四周河岸上的景物逐渐后退或缩小才能察觉到船的行进一样，如果一个年纪比我们大的人看起来比我们显得年轻，那我们就能够得知我们变老了。

前面我们已经说过，一个人年纪越大，他所经历的见闻留在他记忆中的印象就越少。在这一层面可以这样说：只有在青年时代，人才是充满意识地生活着；老年时代，人只用一半意识继续生活。随着年龄的增长，生活的意识就逐渐减弱了；经历过的事情不再给我们留下鲜明的印象，就像一件艺术品被我们看了很多遍之后，就不会留下什么印象了一样。人们只不过在做他们不得不做的事，事情完成后却不明白究竟做了什么。既然如今他们的生活意识正在逐渐消失，那么当他们越来越接近完全失去意识的时候，时间的流逝也就越来越快。童年时代，新奇感使所有东西都进入了儿童的意识。所以每一天都显得漫长。我们外出旅行时的情况与此相同：旅途中的一个月仿佛比在家生活的四个月都要漫长。尽管如此，新奇感却没有办法阻止童年时期和外出旅行时的漫长时光变得难以忍受——这是与老年时期和在家的时光相比之下来说的。但是，我们的智力会由于长期不变的感觉印象而变得疲乏和迟钝。这样一来，所有事物都悄然无痕地过去了。日子变得越来越无意义，也因此显得越来越短暂。老年时代度过的一天似乎比小时候经历的一个小时还短暂。所以，我们的生命时钟就像向下滚的球一样，运动速度越来越快。还可以用转动的圆盘来打比方，距离圆心越远的点转动的速度就越快。与此相同，当一个人距离生命的起点越来越远，时间流逝的速度就越来越快。因此，我们可以这样认为，在我们对时光流逝速度的心理感受进行测量时，对于一年长短的感受与这一年除以我们年纪所得的商成反比。比如说，如果一年只是我们年龄数的五分之一，那么这时的感受就比一年是我们年龄的五十分之一时的感受漫长了十倍。对于处于不同人生阶段的人的整个生命存在来说，时间流逝速度的不同感受有着决定性的作用。首先，这种情形使人生的童年时期——不过是十五年时光而已——好像成了我们生命中最长的阶段，因此也是拥有最多回忆的阶段；我们感到无聊的程度也因此与年龄成反比。儿童任何时候都需要做些什么来打发时光，无论是玩耍还是工作。如果没有事情做，他们就会觉得万分无聊。就连青年人也仍然会受到无聊的影响，几个小时没事做就会让他们感到心慌。成年人的无聊感就慢慢变少了。年老时，时间总是过得太快，日子转瞬即逝。显而易见，我在此处谈论的是人，而非年老的牲畜。在我们的后半生中，时间飞逝而过，无聊也就不复存在了。与此同时，我们的情欲以及由此而来的痛苦也消失无踪了。因此，大体来说，只要能够拥有健康的身体，那么我们的后半辈子所感觉到的生活的重负确实会比青年时期更轻。所以，人们将这段时期——也就是变得年老力衰、体弱多病之前的那段时期——称作"最好的时光"。在生活的舒适度和愉悦度方面来说，这段时期的确是最美好的。与此相比，青年阶段——此时所有事物都会留下印象，都能够生动地保存在我们的意识中的优势则在于：这一阶段人的精神思想开始孕育，相当于精神发芽的春天。这一阶段中，对于那些深刻的真实人们只能进行直观，但却不能进行解释；亦即，青年人最开始获得的认识是一种从瞬间印象得来的直接认识。必须是强烈、生动、深刻的瞬间印象导致产生直观认识。因此，一个人如何利用自己的青春时光，决定了他能取得怎样的直观认识。日后，我们能够影响他人，甚至影响这个世界，自身逐渐变得圆满，不再被印象所影响；但是，这个世界对我们的影响也逐渐减弱了。所以，这一阶段是我们做实事和获得成就的阶段，但青年阶段却是刚开始认识和把握事物的时期。

青年时代，我们的直观占据了统治地位，而老年时代，思想却占据了上风。所以，青年时代是创作诗歌的时代，而老年时代则更适合进行哲学思考。在实际生活中，青年人听从于直观见到的事物及其产生的印象；而老年人的行为则是由思想决定的。这是因为只有在老年，当积累了足够多的对事物的直观印象，并把这些直观印象归纳为概念之后，这些概念才被赋予了更加丰富的内涵和意义。同时，因为习惯的作用，直观印象则逐渐减弱了。与此相比，在青年时代，直观印象，也就是对事物表面的印象在头脑中占据了统治地位，特别是对那类充满活力和想象力的头脑来说更是如此。世界在这一类人看来是一幅图画，所以，他们的注意力主要放在要扮演什么样的角色、怎样表现自己之上，对世界的内在感觉则是次要的。年轻人的虚荣心和对华丽服饰的追求上已经体现出了这一点。

　　青年时期毫无疑问是我们精神活力最旺盛、最集中的时候。这一时期最多能够延续到三十五岁。在此之后，精神活力就逐渐减弱，虽然减弱的速度并不快。但是，这以后的生活中，哪怕是在老年，还是会得到精神上的补偿。此时，一个人才获得了真正丰富的经验的学识，并且终于有时间和机会对事物进行多个角度的观察、思考和比较，从而发现它们之间的共同之处和关联之处。因此，直到这时我们才对事情的整体脉络有了清楚的认识。这时，我们对那些早在青年时代就知道的事有了更加本质的认识，因为我们能够通过很多实例来证明那些概念了。很多青年时代自认为懂了的事，其实直到老年时才真正被我们理解。最重要的是，在老年时代，我们确实知道的事情更多了，这时的知识通过各个角度的反复思考，互相连贯并且获得了统一。而在青年时期，我们的认识常常是残破、零碎的。只有到了老年时代，我们对生活的表象认识才能变得完整而连贯，原因在于只有年老之后，我们才能看到生活的全貌和自然进程。特别在于，一个老年人不会像其他人那样用刚入人世的目光观察生活，他采用的是离世的角度。因此，他就能够对生活本质上的虚无拥有全面而透彻的认识。而其他人却顽固不化，误以为事情早晚会变得完美无缺。与老年时代相比，青年时代的人有更多的假设，所以虽然知道得很少，但却能够把所知事物夸大；但老年时代的人却拥有更多的洞察力和判断力，对事物的认识更加根本而彻底。一个具有卓越精神禀赋的人在青年时代就开始为他那独特、原创的观点和认识积累素材，亦即为自己命中注定要为这个世界做出的贡献进行搜集工作。但是，必须要经历一定的时间，他才能拥有足够的能力来处理这些材料。因此，我们会发现：伟大的小说家往往要在五十岁之后才能创作出他的伟大著作。虽然一棵树结出的果实长在树顶，但青年时代是为这棵认识之树扎稳根基的时期。每个时代，就算是最匮乏的时代，也都自认为比前面那个时代更加文明——更不用说这之前更久远的时代了——与此相同，处于不同人生阶段的人也具有类似的看法。但是，这种观点一般来说是错误的。在身体成长发育的时期，我们的力量和知识在不断地增长，所以我们往往认为今天比昨天更重要。我们的头脑习惯了这种观点，后来，当我们的精神活力逐渐减弱，今天反而没有昨天更加重要时，这种惯常观点还保留在我们的头脑中。所以，我们常常低估了早年做出的成就，而且也低估了当时的判断力。

在这里需要注意的是：虽然一个人的智力素质，与他的性格和情感一样，在本质上都是天生的，但智力素质却不像性格那样是固定不变的。实际上，它随着不停变化的情形而改变，这种变动不拘的情形总体而言是有一定规律可循的。其中一个原因在于人的智力要以物理世界为基础，另一个原因则在于智力需要经验提供素材。所以，人的精神智力在发展到最高点之后，就会逐渐走下坡路，最终结果是痴呆。使我们的智力受到吸引和变得活跃的素材，也就是我们的思想和知识的内容，通过实践、练习、体验和了解的对象——通过这些，我们的世界观才得到了完善——这一总量是在不断增加的，直到我们的精神活力出现明显的衰退为止。精神活力开始衰颓之后，所有机能都开始减退。一种绝对无法改变的成分，和另一种向着相反方向定期发生变化的成分加在一起，就构成了老人。这也可以说明为什么一个人在不同的人生阶段中会表现出不同的价值。

在更广泛的意义上还可以这样说：人生的前四十年是一本书的正文，而后三十年则是对于正文的注解。注解能够使我们更好地理解正文的真实含义以及其中的联系，并且揭示出正文所含有的道德训诫和其他微妙内涵。

生命走到尽头的时候，就像一场即将结束的假面舞会，每个人都把面具摘了下来。此时，我们才能把一生中接触过的、与之有关系的人真正看清楚。此时，我们的性格完全暴露了出来，我们为之操劳的事业也获得了成果。我们的成就获得了应得的评价，一切幻象都消失无踪了。但需要足够的时间才能到达这种状态。令人奇怪的是，只有在生命走到尽头的时候，我们才能够获得对自己、对真正的目标和方向，特别是对我们与他人以及这个世界的关系的正确的认识。我们接受了自己的位置——虽然并不是绝对，但通常来说，这一位置要比我们之前预计得低一些。但是，我们有时却不得不把自己的位置抬得更高，原因在于以前我们对卑劣、庸俗的世界认识不足，所以设定的目标对这个世界来说过高了。附带说一句，这时候人们体会到了自身内在。

老 年 期

我们通常认为青年时期是幸福的，而老年时期则是悲惨的。如果情欲能够给人带来幸福，那么这种说法就是正确的。青年时期，情欲使我们备受煎熬，感受到的痛苦大于快乐，而老年时期，情欲冷静了下来，人们不再受到它的折磨，因而得到了安宁；随后，人们便获得了一种沉静思索的气质。原因在于，此时，人们的认识力获得了自由，占据了上风。认识本身并不存在痛苦，因此，我们的意识越受到认识的主导，我们就越幸福，只要清楚这一道理：任何快乐的性质都是否定的，而痛苦的性质却是肯定的，那么我们就能够明白情欲并不能使我们获得幸福。我们年老之后，不应该由于快乐的缺失而进行抱怨。因为，只有当一种需求得到缓解时才会产生快乐之感。由于需求消失了，所以快乐才消失了，是没有什么好抱怨的，就好像一个人吃饱了之后不能再吃，或者睡醒之后就无须再睡觉了一样。柏拉图在《理想国》的序言中表示，耄耋之年才是最幸福的，这种说法非常正确，前提是人们终于摆脱了折磨人的性欲的纠缠。我们甚至可以说：如果性欲仍然对人们产生着影响，或者像魔鬼一般操控着人们，那么性欲造成的各种各样的连续不断的忧郁和情绪冲动，就会使人处于一种轻微的神经错乱状态。因此，人只有在性欲消失之后，才能够获得理智。的确，除了特殊例子，年轻人一般都显得忧郁而凄婉，而老年人却显得平和喜悦——根本原因就在于，年轻人受到了性欲这一魔鬼的操控——更确切地说，是奴役。性欲这个魔鬼不肯给予他们哪怕只有一个小时的自由。人们已经遭受或者可能遭受的种种灾祸和不幸，大部分都是由性欲这个魔鬼直接或间接导致的。而平和喜悦的老年人却仿佛摆脱了长期戴在身上的镣铐一般，终于能够自由活动了。但在另一个角度来说：人的性欲减弱之后，生命真正的内核也就快被消耗完了，只留下了一副生命的空壳。确实，就像一出戏剧一样，开场时是由活人演出的，后来则由机器人穿着他们的衣服把这出戏演完。

不论怎么样，青年时代是躁动不安的，而老年时代则是平和宁静的。从这一点就可以推测出这两个时期的人所获得的幸福。小孩子贪婪地伸出他的双手：他想得到他所看见的光怪陆离的所有东西。眼前的一切都在引诱他，所以他的感觉意识是非常鲜活的。青年人则受到同样情况的更强烈的刺激。他们也受到五彩缤纷、形状各异的世界的引诱，而且用自己的想象把世界能给他们的东西夸大了。所以，对于未知和不确定的未来，青年人总是充满向往。与此相比，在老年阶段，所有都平静了下来，原因之一就是老年人的血液变得冷静了，他们的感觉不再容易受到刺激；原因之二则是他们通过自己的人生经验看清了事物的价值和所有快乐的本质。于是，那些在老年时期以前，阻碍和歪曲了他们对事物的自由和纯净的认识的幻象和偏见，此时都已经消失了。这时候，人们对事物的客观面目有了更正确、更清晰的认识；他们多多少少都认识到了世间万物的虚无和渺小。所有的老年人，甚至是那些资质平庸的老年人，正是因为如此才都具有了某种程度的智慧气质。这使他们与青年人区别开来。这些首先带来了精神上的安宁——这不仅是幸福重要的组成部分，而且是幸福的前提条件和本质。所以，年轻人天真地认为世界上充满了美好的事物——只要他们获得了相应的途径就能获得，老年人则相信传道书中的一条真理，那就是一切都是虚空。他们深深地懂得：所有坚果里面都是空心的，无论它们外面包裹着怎样的金衣。

　　只有到了老年阶段的最后时期，人们才能真正达到贺拉斯所说的"在欲望和恐惧面前不失平静、沉着"的状态。亦即，只有在此时，人们才真正、坚定地相信，世事皆为虚空，不论是繁荣还是喜悦，都是虚无而乏味的，于是虚幻的影像消失了。他们不再误以为，世界上除了避免身体和精神的痛苦而感受到的幸福之外，还在某处宫殿或茅屋中有着另一种特殊的幸福。对于这些老年人来说，那些根据世俗标准制定的伟大或渺小、尊贵或低微，没有太大的差别。于是，老年人就获得了一种特别的平静心态。他们微笑着，怀着这种心情从高空俯视这个虚幻的世界。他们已经不怀任何希望，他们知道就算人们再怎样努力对生活进行美化装饰，但在廉价、炫目的灯饰后面，人生仍然表露出它匮乏的本来面目；不管人们给生活怎样打扮和上色，人生的本质不过是这样：它的真正价值只在于缺乏多少痛苦，而不是缺乏多少快乐，更不在于生活中那些奢华的场景。垂暮之年的根本特征就是没有希望，也没有幻象——而此前幻象使生活充满了美丽，在它的刺激之下，我们不断地去行动、去追求。这个时候，人们已经看清了人世的富丽堂皇，特别是表面的荣耀、背后的空虚和无意义。人们了解到：在人们渴望的事物和追寻的享受背后，实际上都暗含着渺小而不堪的东西。人们对生存的贫瘠、虚无的本质的认识逐渐达成了一致。一个人只有年过七十，才能够理解《传道书》第一首诗的真正含义。也正是因为如此，老年人才显得有些郁郁寡欢。

人们还误以为：等待老年人的就只有病痛和无聊。实际上，年老并不一定意味着病痛，特别是对于那些长寿的老人来说，因为"健康或疾病也会随着年龄的增长而增加"；而上文中，我已经说明了为什么与青年人相比，老年人更不容易受到无聊的折磨。年老确实会使我们变得孤独，原因很明显。但无聊却不一定伴随这种孤独而来，只有那些除了感官享受和社交娱乐之外没有别的乐趣的人才会感到无聊。这些人的精神潜力没有得到发展和丰富。的确，一个人到高龄之后，精神活力就逐渐减弱了，但是，如果他原本的精神世界是丰富的，那么他总会剩下足以应付无聊的精神活力。如上所述，人们通过经验、认识、实践和反思，对事物的认识越来越清晰而准确，而且有了越来越全面的整体认识。我们将已经获得的知识不断地重新组合，把握机会使自己的知识变得更加丰富——这种连续不断的多方面的自我修养和陶冶占据了我们的精神，使我们获得满足和奖励。上文谈到老年人的精神活力的衰颓，由于这些活动而得到了一定补偿。此外，如我所说的，由于老年时期的时间流逝得很快，所以无聊也就不复存在了。如果老年人无须使用身体力量去赚钱维持生活，那么老年人身体力量的减弱并不十分令人遗憾。对于老年来说，贫穷是十分不幸的。如果能够摆脱这种不幸，而身体又能保持健康状态，那么这样的老年时期就可算作相当不错、能够忍受的生活了。人们对生活的首要需求就是舒适和安逸。所以，与年轻人相比，老年人更重视金钱，因为金钱是已经丧失体力的替代物。在被爱神维纳斯抛弃之后，人们就会到酒神巴吉斯那里寻求宽慰。人们不再需要观察、旅行和学习，而是需要发表意见和教导他人。如果一个老年人仍然有着探索和研究的兴趣，或者对音乐、戏剧的热爱，特别是对外在事物的敏感度和接受度——很多老年人在晚年仍然热衷于上述事物——那么这实在算得上是幸运的事。一个人的"自身拥有"带给老年时期的好处是所有时期中最多的。诚然，大部分人原本就呆笨，所以到了老年时期，他们就更像机器人了。他们想的、说的和做的永远都是一样的，外在事物的印象不能给他们带来任何改变，或者引出任何新的东西。与这种老年人交谈，就像在沙滩上写字一样，留下的痕迹很快就消失无踪了。这种老年人可以说是生活中的"余烬"。在极为稀少的情况下，有的老年人第三次长出了牙齿，大自然似乎想通过新的牙齿表明老年人的第二童年到来了。当年岁渐长，我们的一切活力都在消退，这确实很可悲；不过，这是必然的趋势，甚至是有益的，因为如果不是如此的话，老年人就无法做好迎接死亡的准备。所以，如果一个人活到很大的年纪，最后没有病痛地去世，他就是享有了极大的恩惠。得享天年的去世没有痛苦和抽搐，甚至没有被感觉到。

无论我们能活多久，我们能够享受的只有无法分割的此刻，此外别无其他。我们记忆的内容每一天都因为遗忘而丢失一点点，遗失的内容要比由于年龄的增加而获得的新记忆要多。人们的年纪越大，世上的诸多事件对他来说越不重要，在青年时代被认为是固定不变的生活，现在看起来只不过是短暂的一瞬间罢了。我们懂得了生活的无意义。

青年时代和老年时代的根本差异在于，前者的前景是生活，而后者的前景则是死亡；此外，青年时的过去很短而未来很长，而老年期却恰恰相反，就像一部悲剧的第五幕：人们知道就要结束了，但却不清楚会怎样结束。无论如何，人年老之后，前方只有死亡，而年轻时，展现在眼前的则是生活。虽然这样，我们可以扪心自问，这两者究竟哪一个更令人担忧呢？

总体上来看，是生命在前还是生命在后更好呢？《传道书》中曾说，"人死的日子，胜过人生的日子"，原因在于，不管怎么样过分追求长寿都是鲁莽的，因为一句西班牙谚语曾说："活得越久，遭受的不幸就越多。"

具体的人的一生并不像占星术所宣称的那样已经在行星的运行中有所显现，但是，如果将人生各个时期与相应的一系列行星进行关联，那么也可以认为人的一生在行星上体现出来了。各个人生阶段依次受到行星的控制。十岁时，人处于信使星①的掌控之下。人们像信使神那样，在狭小的圈子里轻松、快速地转动，受到细枝末节的事物的影响，但经过聪明伶俐的信使神的指引，人们很容易地学到了很多知识。到了二十岁时，人们处于维纳斯星②的控制之下：一个人完全处于爱情和女人的掌控之下。到了三十岁，战神星③获取了统治权，人们在这一阶段变得强壮、勇猛、好斗、易怒和倔强。在四十岁时，四小行星则获得了指挥权，人生从此变得更加宽广。在谷神星的影响下，他开始懂得节俭，亦即为了使用目的而生活；在灶神星的影响下，他有了自己安身立命之处；在智慧女神星

---

① 信使星：即水星。

② 维纳斯星：即金星。

③ 战神星：即火星。

的作用之下，他知道了需要了解的东西，他的妻子——家中的女主人——则像天后星①一样主宰家中事务。到了五十岁，朱庇特星②执掌了皇权，这个年纪的人已经比很多人活得长久了，他认为自己比同辈人更具优势。他有着充足的力量、阅历和知识，他（根据个人的性格和情形而定）对自己身边的人拥有权威，所以他可以不受他人指挥。与之相反，现在他是指挥别人的人了。如今，他十分适合作为周围人的领导者和统治者。五十岁的人就像天神朱庇特一样抵达了光辉的最高峰。但是在之后的六十岁，农神星③接过了权杖，随之而来的还有像铅块一样的沉重、缓慢和坚硬。

> 很多老人都好像已经死去
> 僵直、迟缓、笨重而灰白，就像铅块一样
>
> ——《罗密欧与朱丽叶》第四幕第五场

最后是天王星当政的时期。这时，就像人们说的那样，人

---

① 天后星：后来发现的六十多个小行星是新的创造，对此我没有兴趣了解。所以，我看待它们就像哲学教授看待我一样，由于它们不适合我目的之需要，所以我忽略了它们。

② 朱庇特星：即木星。

③ 农神星：即土星。

们上天了。在这里我略过了海王星（由于粗心人们对它的命名是错误的），因为我们无法叫它真正的名字"厄洛斯"①。不然的话，我就可以说明生命的结束和生命的开始是如何连接起来的，亦即，厄洛斯怎样用一种神秘的方法和死亡相连——正是因为这种联系，埃及人所说的奥克斯或阿门特斯（据卢塔克所说）就不仅是接受者，同时也是给予者；死亡就是生命的巨大源泉。正因为如此，所有的一切都从奥克斯中来，所有具有生命的东西都要经过奥克斯的阶段。如果我们真正明白了生命何以发生的奥秘，那么就了解了一切的真相。

---

① 厄洛斯：即性爱之神。